專業麵包師必讀

新時代的
麵包製作法

全新發酵種、冷藏·冷凍製作法

美味加倍、有效利用時間、

精省人力、更具計劃性！

竹谷光司
Koji Takeya

大境文化

致購買本書的讀者

本書的 P.7、P.23、P.37 有小小的測驗。

若都能正確地回答，

表示您充分擁有了與時俱進的知識。

那麼可能本書對您而言會稍嫌不夠吧。

但若是其中有些感覺「咦？」的不確定，

則請務必好好地閱讀本書。

應該可以幫助您更清楚地瞭解，

時時刻刻變化，麵包製作世界的「現在」和未來的「新時代」。

前言

本書以朝著專業麵包師為目標的中堅份子為對象，有別於以往長時間勞動、被時間追趕著的麵包製作方法，介紹的是發酵種、冷凍、冷藏法，更包括使用多種可能的酵母活化劑來製作麵包的方法。

麵包坊在各種職業類別裡，可說是身體上、體力上、時間上都相當辛苦的種類，但同時也有著非凡的魅力與回報。越是沈浸專注於其中，就越被麵包製作的宏觀所吸引。加上許多客人結帳離開前說一句：

「謝謝您總是製作出美味的麵包！」

還有比這個更令人開心的工作嗎？也因為是小型麵包坊才能體驗的幸福滋味吧。作為事業體來經營，烘焙業者每年1億、3億日圓的商機，也絕不會只是夢想。有明確的目標並致力於此，就必定能實現。

本書中分成3個部分。第1部分介紹的是關於麵包使用的原料特徵，以及這些特徵在麵包製作上扮演的角色；第2部分是各個麵包製作工序的目的及考量；第3部分是介紹5種基本的麵包配方、作業的相關知識與考量，並加以說明。後續接著是專業麵包師必懂必學的應用項目，將我50年來持續烘焙，存留下美味與記憶的麵包，因應今後新時代必要的製作方法、使用原始材料的麵包，詳細的為大家介紹。

麵包業界有為數眾多的競賽。原料廠商與業界團體主辦，法國、德國、義大利等各地的世界賽。挑戰這些競賽不僅只是為了測試自己的實力，也是藉由挑戰賽事，來改變日常的生活態度與習慣，賽事中也能夠結交許多夥伴。更重要的是可以提升自己的技術，增加顧客的信賴度。

業界的努力不僅限於日本，全世界的烘焙都是一家。不可思議的，無論到何處，只要冠著烘焙之名，就會受到像家族般的對待與接納。麵包烘焙足以作為一生職志的事業，越是長時間接觸、越是深入瞭解，就越能體會其中的樂趣。我認為終其一生的努力都無法達到所追求的終點，這也正是麵包製作的精妙所在。祝大家身體康健！

目錄

前言 ⋯⋯⋯⋯⋯⋯⋯⋯⋯⋯⋯⋯⋯⋯⋯⋯⋯⋯⋯⋯⋯⋯ 3

第1章　製作麵包的原料 ⋯⋯⋯⋯⋯⋯⋯⋯⋯⋯ 6

麵粉⋯8　麵包酵母（Yeast）⋯11　酵母活化劑（Yeast food）⋯13
鹽⋯15　糖類⋯16　油脂⋯18　蛋⋯20　乳製品⋯21　水⋯21

第2章　麵包的製程 ⋯⋯⋯⋯⋯⋯⋯⋯⋯⋯⋯⋯ 22

原料的選擇⋯24　原料的計量⋯24　攪拌（揉和）⋯24　基本發酵⋯26
壓平排氣⋯27　分割、滾圓⋯28　中間發酵⋯29　整型⋯30
最後發酵⋯31　烘焙⋯32　冷卻⋯34　切片、包裝⋯34
★何謂離析（Unmixing）⋯25

第3章　麵包製作的基本與應用 ⋯⋯⋯⋯⋯⋯ 36

（1）　基本的麵包

吐司（直接法）⋯⋯⋯⋯⋯⋯⋯⋯⋯⋯⋯⋯⋯⋯⋯⋯⋯⋯⋯ 38
糕點麵包（麵團、整型、冷藏冷凍法）⋯⋯⋯⋯⋯⋯⋯⋯⋯ 46
餐包（麵團、整型、冷藏冷凍法）⋯⋯⋯⋯⋯⋯⋯⋯⋯⋯⋯ 54
法國麵包（3小時直接法）⋯⋯⋯⋯⋯⋯⋯⋯⋯⋯⋯⋯⋯⋯ 59
可頌（整型冷凍法）⋯⋯⋯⋯⋯⋯⋯⋯⋯⋯⋯⋯⋯⋯⋯⋯ 66

（2）　專業必學的品項及製作法

吐司的變化
吐司（70%中種法）⋯⋯⋯⋯⋯⋯⋯⋯⋯⋯⋯⋯⋯⋯ 70/72
胚芽麵包（直接法）⋯⋯⋯⋯⋯⋯⋯⋯⋯⋯⋯⋯⋯⋯ 71/73
高級吐司（湯種法）⋯⋯⋯⋯⋯⋯⋯⋯⋯⋯⋯⋯⋯⋯ 74/76
葡萄乾麵包（70%中種法）⋯⋯⋯⋯⋯⋯⋯⋯⋯⋯⋯ 75/77
全麥麵包＆麵包卷（麵團、整型、冷藏冷凍法）⋯⋯ 78/80

甜麵包卷的變化
餐包（直接法）⋯⋯⋯⋯⋯⋯⋯⋯⋯⋯⋯⋯⋯⋯⋯⋯ 79/81
糕點麵包（直接法）⋯⋯⋯⋯⋯⋯⋯⋯⋯⋯⋯⋯⋯⋯ 82/84
糕點麵包（70%加糖中種法）⋯⋯⋯⋯⋯⋯⋯⋯⋯⋯ 83/85

硬式餐包的變化
軟式法國麵包（麵團冷藏冷凍法）⋯⋯⋯⋯⋯⋯⋯⋯ 86/88
鄉村麵包（麵團冷藏法）⋯⋯⋯⋯⋯⋯⋯⋯⋯⋯⋯⋯ 87/89
洛斯提克（直接法）⋯⋯⋯⋯⋯⋯⋯⋯⋯⋯⋯⋯⋯⋯ 90/92

歐式麵包的變化
丹麥麵包（整型冷凍法）⋯⋯⋯⋯⋯⋯⋯⋯⋯⋯⋯⋯ 91/93
布里歐（麵團冷藏法）⋯⋯⋯⋯⋯⋯⋯⋯⋯⋯⋯⋯⋯ 94/96
潘妮朵尼聖誕麵包（70%加糖中種法，使用「可爾必思」）⋯⋯ 95/97

　無發酵麵包
　印度烤餅（無發酵麵團）·· 98/100
　發酵種麵包的變化
　TSUMUGI coupé（長時間直接法、使用葡萄乾發酵種）········ 99/101
　鄉村麵包（長時間直接法、使用葡萄乾發酵種）·················· 102/104
　Schiacciata（托斯卡尼風披薩）（麵團冷藏法、使用星野天然麵包酵母種）
　··· 103/105
　黃金麵包（70%加糖中種法、使用 Vecchio）······················ 106/107
　★葡萄乾發酵種的配方與製作方法···108

（3）　突顯店家技術的德式麵包

　裸麥混合麵包（Weizenmischbrot）（Detmold 階段法使用酸種）
　··· 110/112
　柏林鄉村麵包（Berliner Landbrot）（Detmold 階段法使用酸種）
　··· 111/113
　黑裸麥麵包（Pumpernickel）（烘烤 4 小時、烘烤 16 小時）
　（Detmold 階段法使用酸種）··· 115/116
　芝麻麵包（Sesambrot）（Detmold 階段法使用酸種）········ 118/120
　扭結麵包（Laugenbrezel）（シュバーデン風）（短時間直接法）119/121
　史多倫（Stollen）（短時間液種法）································· 122/123

　關於本書使用的原料·· 126

後記 ·· 127

Coffee Time ☕

推薦後鹽法 ··························· 16
限制鹽份的麵包 ···················· 16
麵團的氣體產生能力和氣體保持力 27
刷塗蛋液的考量 ···················· 31
所謂的「Relax Time 休息時間」 35
夏季，不可思議的麵包未熟成（發酵不足）44
請適度、有效地使用手粉 ········· 45

冷藏、冷凍時，要注意避免麵團乾燥 ···· 52
冷藏法的推薦 ····························· 53
配方用水的溫度計算 ···················· 65
裸麥酸種，有管理上的擔憂？········· 109
3 種裸麥酸種（sourdough）的食用比較 ··· 114
對烘烤完成的麵包，施予衝擊！······· 125
布里歐的整型－簡便法 ············· 125

本書製程表的辨識

攪拌	L＝低速　　M＝中速　　H＝高速
發酵時間	P＝壓平排氣
烘烤溫度	例）240→220℃＝放入烤箱時240℃，之後設定改為220℃
	例）230℃／190℃＝上火230℃、下火190℃

第1部
製作麵包的原料

INGREDIENTS

Quiz
小測驗

確認您製作麵包的知識！

Q.1

標示著「使用天然酵母」，
是麵包業界推崇的作法。

☐ ○　　☐ ✕

答案　➡　P.126
解說　➡　P.11

Q.2

酵母活化劑是化學合成物，
因此，有能力的技術者不會使用。

☐ ○　　☐ ✕

答案　➡　P.126
解說　➡　P.13

1 麵粉

1 爲何可以使用麵粉呢

用於麵包的穀物粉類，並不只有小麥麵粉，也會使用裸麥粉、米粉、玉米粉（corn flour）、大豆粉等。本書是以基礎開始解說，所以書中僅使用小麥麵粉。關於其他的穀物粉類，會在使用時加以說明。

爲什麼麵包會以使用麵粉爲主呢？這是因爲麵粉中同時存在著名爲醇溶蛋白（gliadin）和麥穀蛋白（glutenin）的2種蛋白質。麵粉加入水後只要輕輕混合，上述的2種蛋白質就會結合變成麵筋（gluten）。之前，大家一直認爲醇溶蛋白和麥穀蛋白在攪拌後，會少量逐次地結合，進而連結成麵筋。但現在的認知不同了，麵粉中加入水份的瞬間，就會出現微弱結合的麵筋，攪拌這個動作，是使微弱結合的麵筋塊，變成強力結合的麵筋薄膜。

2 小麥的種類

現在日本烘焙坊所使用的小麥，除了特殊的種類外，其餘都是加拿大、美國、澳洲3個國家的進口小麥，以及日本栽植的國產小麥。

由加拿大進口，只要不是收成過於惡劣，用於麵包製作都是 1 CW，正式名稱爲 No1.CWRS（No.1 Canada Western Red Spring）。雖然很少見，但若是該年收成差到無法確保 1 CW 時，也會有合併 2 CW 輸入。

從美國進口的，是麵包用的 DNS（Dark Northern Spring），和中式麵條用的 HRW（Hard Red Winter），還有西式糕點用的 WW（Western White）。

澳洲進口的，則是製麵專用的 ASW（Australian Standard White）。

日本國產小麥不適合製作麵包，這樣的說法已經是過去式了。自從北海道春播小麥「Haruyokoi（春よ恋）」栽植出來後，同樣是北海道的秋播小麥，超強力小麥「Yumechikara（ゆめちから）」、關東地區的春播小麥「Yumekaori（ゆめかおり）」等，品質近似 1 CW、DNS 的品種，也隨之研發成功。其他還有「Kitanokaori（キタノカオリ）」、「南之香（ミナミノカオリ）」等，具特色又有豐富地方色彩的品種，也很受到歡迎。

在此希望大家多留意，國外的小麥一個商標會登錄好幾個品種。相對於此，國產小麥是一個品種一個商標（品種名就是商標名稱），因此該品種的收成好壞就會直接造成品質落差。若是一個商標內有複數的品種，那麼單一

品種收成的落差，會因多品種的混合而減緩，產量也可以維持平穩。這樣的情況就像白米，一個品種就是一個商標般單純的習慣使然，把製成粉末食用的小麥，與白米用相同的方法來規範，我個人覺得確實有些勉強。

3 小麥的形狀與構造

小麥的構造可分成3大部分（請參照插畫）。有製成麵粉的**胚乳**（85%）、作成胚芽油的**胚芽**（2%），還有最近十分受到矚目，食物纖維來源的**殼皮**（又稱麩皮、13%）。其他稱作**腹溝**（crease）的是深陷胚乳的溝槽，還有也是胚乳的一部分，稱為 **Aleurone layer**（糊粉層），至今都當作**麩皮**一起處理掉，但這個部分的營養價值很高，我個人強烈地期待粉類製作技術更加提升時，能將此處分離出來，作為食品地加以利用。

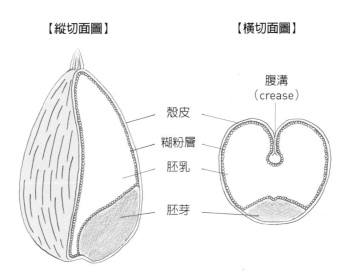

【縱切面圖】　　　　　【橫切面圖】

腹溝（crease）

殼皮
糊粉層
胚乳
胚芽

4 製粉

① **接收原料**：來自國外的小麥幾乎100%都是用船運輸入進口，日本國產小麥則是用船運或貨車放入政府管轄的統倉內。

② **儲存**：政府販售給製粉公司時，製粉公司會對原料品質進行檢查。

③ **精選、調配**：在進行精選作業時，小麥以外的異物會被去除，調配（Conditioning）製程則是調整成最適合製粉的小麥水份，靜置固定的時間。藉由水份的添加軟化胚芽，更便於製粉，強韌穀皮使其不易粉碎。

④ **原料配方**：以儲存時進行的品質檢查爲基礎，爲了能製作出品質穩定的麵粉，會用幾種小麥品種，或是單一品種中的複數批次，進行混合。

⑤ **粉碎**：Break roll、Smooth roll等粉碎製程和平篩 Shifter（過篩機具），或是重覆清粉淨化（Purifier）等製程完成的原粉（Stock），各有不同的特性，可以製作出數十種性質各不相同的原粉（Stock）。

⑥ **完成**：平篩 Shifter（過篩機具）之下完成40～50種的粉，經過一般分析、二次加工試驗（Stock原粉試驗、Stream test粉流試驗等），不同比例混合，利用1～3種麵粉（製品、商標）來完成。之後，再次過篩，確認除去異物。

⑦ **品質檢查**：每個完成的製品（品牌）都再次完成一般分析、機器分析（塑譜儀試驗等）、二次加工試驗之後，才會被包裝或放入桶內儲存，待特定時間的熟成（ageing）後，才會出貨。

5 麵粉的分類

麵粉的分類方法可分成兩大類。一是以灰分含量爲基準的等級分類法（表1），另一種是以蛋白質的質量及含量爲基準的用途分類法（表2）。爲了更容易理解地以表格來呈現。

表1　麵粉的等級分類法

等級	灰分(%)	色相	酵素活性	纖維質(%)	用途
一級	0.3～0.4	優良	低	0.2～0.3	麵包、麵類、糕點所有使用
二級	0.5±	普通	普通	0.4～0.6	
三級	1.0±	略差	高	0.7～1.5	麵筋、澱粉
末級	2～3	不良	相當高	1.0～3.0	膠合板、飼料

表2　麵粉的用途分類

種類	主原料的小麥	麩質 量	麩質 質	蛋白質含量(%)	粒度	用途
高筋	1 CW,DNS HRW（SH）	相當多	強韌	11.5～13.5	粗	麵包
準高筋	HRW（SH）	多	強	10.5～12.0	粗	麵包、中華麵
中筋	ASW 日本國產小麥	中	軟	8.0～10.5	稍細	麵（燙煮、乾麵）、糕點
低筋	WW	少	弱	6.5～8.5	細	糕點、炸物

2 麵包酵母（YEAST）

> ※長年以來，日本麵包業界一般都使用YEAST的名稱，但最近部分零售烘焙坊（Retail bakery）也開始使用天然酵母這個詞彙。造成相當多的消費者錯誤的認為，天然酵母是天然物質，酵母YEAST是化學合成物。為了消除這樣的誤解，現在日本麵包業界已停止使用天然酵母這個字，而統一使用「麵包酵母」。

製作麵包，認為是一粉二種（麵種、麵包酵母）三技術，麵包酵母是麵包製作上與麵粉並列的重要材料之一。

與其他原料不同，麵種、麵包酵母是活性物質，所以有必要事先瞭解最適合的活動溫度和pH值。溫度在38℃時最活躍，10℃以下幾乎完全停止活動，至-60℃時就會失去活性。高溫至55℃時開始消滅死亡，至60℃時會全數死亡，失去活性。pH值的影響，在pH4～6的活性最高。

以前，只要說市售的商業麵包酵母（Saccharomyces cerevisiae）就能完全涵蓋，但最近麵包坊自行培養，自製發酵種來使用的情況日益增加，因此加以說明。承如上述市售的商業麵包酵母是用廢糖蜜等營養素和氧氣強行供給，1g可達到10^{10}個（100億個／g）的酵母數。相對於此，自製發酵種中存在的麵包酵母，即使供給麵包酵母增殖的營養素能達到某個程度，也會因其他培養條件不夠充足，一般麵包酵母數大約是10^7個／g的程度。但實際上，在麵團當中的發酵力，僅有市售商業麵包酵母的1/50。話雖如此，補足發酵力不足的魅力在於有較多的乳酸菌，麵包酵母主要是負責產生二氧化碳，乳酸則是能產生許多有機酸、遊離胺基酸、抗菌物質、機能性物質。也就是使用自製發酵種時，只要多花些時間，就能烘烤出與市售的商業麵包酵母不同風味的麵包。

1 市售商業麵包酵母的種類與使用方法

現在日本販售的商業麵包酵母大致可分成4種。

● **麵包酵母（新鮮）**：在日本一般市售的是適用於高糖麵團的麵包酵母，因此會用在砂糖配方較多的麵團上。製作麵包粉的砂糖配方是0%，雖然也有發酵時間短，可用於麵包粉的麵包酵母（新鮮），但就不適合想要長時間發酵的麵包。

● **半乾燥酵母**：有低糖用（紅標※）和高糖用（金標※）。開封後冷凍保存期限為1年，家庭製作麵包等用量較少時，也非常方便。

	麵包酵母（新鮮）	半乾燥酵母	乾燥酵母	即溶乾燥酵母
照片				
形狀	塊狀	顆粒狀	粒狀	顆粒狀
水份	70%	25%	8%	5%
特性	在日本主要為高糖用	低糖用（砂糖 0 ～ 5%）和高糖用（5%以上）	糖配方（砂糖 0 ～ 10%用）	低糖用（砂糖 0 ～ 12%）和高糖用（5%以上）
	具冷水耐性	溶解性佳、冷凍耐性強、無維生素 C	必須有前置處理、無維生素 C	維生素 C（有：紅、金）（無：藍）
保存·開封前	冷藏 4 週	製造起冷凍 24 個月	常溫 2 年	常溫 2 年
保存·開封後			冷藏 2 週	冷藏 1 個月
用量		麵包酵母（新鮮）的 40%	麵包酵母（新鮮）的 50%	麵包酵母（新鮮）的 1/3

※ 冷藏全部以5℃為基準。
※ 保存期間僅供參考。開封後置於冷暗場所，並請儘早使用完畢。

● **乾酵母**：必須有前置處理。方法是取乾燥酵母5倍左右的42℃溫水，與乾燥酵母約1/5用量的砂糖，攪拌混合。之後再撒入乾燥酵母，10分鐘後用葉形攪拌槳攪拌，再靜置5分鐘後使用。

● **即溶乾燥酵母**：毋需前置處理，基本上要撒在15℃以上（接觸15℃以下的麵團或水份都會損及活性）的麵團表面。爲了提升開封後保存性添加維生素 C，低糖麵團用紅標※，和高糖麵團用的金標※。其他還有無添加維生素 C 的藍標※（低糖用），和披薩用的綠標※（相對粉類、砂糖比例0 ～ 12%）。

※ 標記是法國 Lesffre 公司的商品名稱。乾燥酵母，還有其他的 Fleischman、Red Star、Fermipan 等，多數是國外的品牌，都屬於營業使用，包含超市等，一般廣爲人知的是 Lesffre 公司的商品。

2 發酵種（Levain）

Levain法語（最早將發酵種介紹進日本的是法國人 Raymond Calvel 先生）指的是麵種，但可分成3大類。使用少量市售商業麵包酵母培養出的 levain levure、使用老麵的 levain mixte、利用附著在小麥、裸麥、葡萄、蘋果等，野生酵母培養出來的 levain naturel。

　　無論什麼情況，野生酵母與其共存的乳酸菌，加再上長時間發酵的時間作用，就會產生令人無法抗拒的愉悅酸味和濃郁風味。發酵種（在世界各地被稱爲酸種Sourdough，但在日本，這個字被用在裸麥麵包上，酸味的感覺強，因此在此仍將其稱爲發酵種）受到全世界的矚目，今後應該是想要追求自身或店內原創風味時，無與倫比的武器吧。即使是一種也好，請務必著手製作看看，必定也會被其中的美味所吸引。

③ 發酵種的酵母與乳酸菌

　　發酵種當中，最一般的酵母是 Saccharomyces cerevisiae，但 Panettone 種、舊金山 Sourdough 之中，含有 Kazachstania exigua（舊稱 Saccharomyces exiguous）。另一方面，發酵種中存在的乳酸菌，以 Lactobacillus brevis（短乳酸菌）、L.plantarum、L.sanfranciscensis 爲主，由此生成稱爲乳酸和醋酸的有機酸，就能提升風味。對於麵包的風味、香氣及味道有很大的貢獻。

　　世界各地承襲傳統製作的發酵種，德國的 Sourdough、義大利的 Panettone 種、法國的發酵種（Levain）、日本的啤酒花種和酒種、美國舊金山的酸種（Sourdough）、中國的中華種等都很知名。此外，日本的酒種中存在著麴菌，這並非乳酸菌的同類，而是黴菌的同類。據說在全世界的發酵種之中，存在於發酵種內的黴菌，只有這款酒種。

3　酵母活化劑（Yeast food）

　　使用酵母活化劑的目的，是爲了製作出安定且高品質的麵包，主要是改良麵包酵母的營養供給與麵團物理性。成分包括氧化劑、還原劑、酵素劑、乳化劑等。

　　其實我也猶豫過，是否要列出這個項目。擁有技術獨立的零售烘焙坊（Retail bakery），是否有使用酵母活化劑的必要呢？以追求消費者的安全、安心，有過幾面之緣的零售烘焙坊，對此給了贊同的意見。我們會想，若添加一般家庭中不使用，酵母活化劑這樣的材料，是否背叛辜負了消費者呢？

在店舖開設的當時，對使用已獲安全證明的酵母活化劑，有強烈的信心，覺得這並非對消費者的背叛及辜負，非常自信地使用。但是，當客人說「這裡的麵包美味又能安心享用。我家離乳期的孫子很喜歡吃這裡的麵包」等，這些令人開心的評語時，越聽越讓我覺得坐立難安。也因為如此，當出現以食材製成的酵母活化劑時，我立即就替換使用了。

近年來，僅以酵素製作的酵母活化劑開始銷售，我現在也有使用。

製作麵包的方法也必須與時俱進。據說昭和初期，工廠生產的商業麵包酵母上市時，麵包師們都不想使用這樣的贗品而聯合抵制。現在想起來，因市售商業麵包酵母的發酵力過強，在使用時，無論發酵時間30分鐘或1小時，都能做出看起來很漂亮的麵包，所以是個讓人忘記麵包本是發酵食品的時期。現在的發酵種（許多稱為 sourdough 酸種）已開發出能補其不足（因發酵時間短而風味不足）的類型，也有家庭自製的（葡萄乾種、草莓種、麩皮種），還能購買市售的商品。

我個人思索未來新時代的麵包製作法，①首先，製作美味的麵包。因此要活用冷藏、冷凍室的長時間冷藏發酵。②縮短一整天的作業時間。今後很難找到願意持續在麵包坊長時間勞動的人（長時間發酵、短時間作業）。③為了製作出美味的麵包，某個程度的發酵、熟成時間是必要的。④只依賴技術熟練者製作最優良的麵包，我不認為能夠長期持續，此時酵母活化劑登場。從我30多年前在日清製粉任職，忘我地沈浸於工作時，就感覺到酵素製劑無限的可能性，幾乎可以視為麵包製作的 i-ps 細胞。請務必掌握最新的技術情報，輕鬆且安定地製作出加倍美味的麵包。

1 酵母活化劑的使用效果

① **味道的改良、提升口感**：在 Q 彈、潤澤、柔軟、酥脆口感上，更提升風味和香氣。

② **增大麵包體積**：藉由促進發酵、提升氣體保持力、氣體產生能力，使體積變大。

③ **改良麵團的物理性**：抑製麵團的沾黏、增加延展性，以提升機械耐性和麵團的安定性。

④ **提升機能性**：麵團冷凍、冷藏用的添加劑，過去都使用無機酵母活化劑、乳化劑為主，但最近僅用食品素材製成、僅用酵素等，各式各樣的種類都買得到。

捨棄必要之惡的消極想法，請積極地檢討，並找出符合自己的主張及信念的產品。因為種類太多，隨著廠商、品牌的不同，使用份量或使用方法也隨之改變，在此省略個別的說明，但今後勢必得利用冷凍、冷藏，當然還要加上使用各種麵包不同的製作方法，來實踐省力、省工時的目標。請豎起接收新知的觸角，並加以靈活運用。

② 酵母活化劑的種類

① **使用氧化劑、還原劑、乳化劑的添加劑**：可以用在範圍廣泛的產品上，能安定且提升產品的完成度。

② **僅用食品素材的品質改良劑**：混合了西印度櫻桃粉末、植物蛋白、乳清…等多種食品製成，沒有化學標示的食品添加劑。

③ **僅用酵素的添加劑**：研究半纖維素酶（hemicellulose）、澱粉酶（amylase）、蛋白酶（protease）、葡萄糖氧化酶（glucose oxidase）、纖維素酶（cellulase）、轉麩醯胺酶（transglutaminase）等各種酵素量的平衡，所製成的添加劑。目前的效果能充分滿足所需，今後有望並正在研發中的是脂肪酶（lipase）、木聚糖內切酶（endoxylanase）等酵素，樂見日後更為精益求精的酵母活化劑。

4 鹽

被稱為天然最佳酵母活化劑，初期（1913年開始販售的美國 Fleischmann 公司等）的酵母活化劑中必定使用的材料。現在雖然市售的鹽有數千種，但以我自己麵包製作的經驗裡，並沒有發現哪一種會特別對麵包的風味產生影響，話雖如此，但「信則靈」，請使用自己覺得好的鹽。我自己只有飯糰、義大利麵煮汁、硬式餐包時，會使用墨西哥的海鹽。

麵包製作時添加鹽的目的，可列舉為

① **賦予鹹味、風味。**

② **控制發酵**（添加約 0.2% 以下是促進發酵，以上則是抑制發酵）。

③ **抑制雜菌繁殖。**

④ **提升麵團的延展性、抗張力，也增加氣體保持力。**

⑤ **促進麵團膨脹。**

以上等等效果。

推薦後鹽法

相信閱讀本書的讀者中,一定有喜歡在家自製麵包的人。

請務必使用後鹽法和 Autolyse 法(自我分解法:僅用麵粉、水、麥芽精製作麵團,靜置 20 分鐘左右,加入其他材料,再攪拌製作麵團的方法)。辛苦的攪拌可以更輕鬆 2～3 成(時間變短)。想要知道箇中原因的讀者,請再努力一下閱讀至最後。

限制鹽份的麵包

店裡的常客,因腎臟病而必須限制鹽份的攝取,跟我訂購了極度減鹽的吐司。

試作使用了 1%、0.5%、0.25% 的麵包,發現即使是 0.25% 的鹽加入,也可以沒有任何問題地完成麵包。健康的人食用鹽份 0.5% 的麵包,幾乎可以沒有抗拒地享用,鹽份降到 0.25% 時,味道就有些失焦實在稱不上美味。但是對於平時習慣減鹽餐食的人來說,即使是 0.25% 的鹽份也是十分美妙的鹹味了。

5 糖類

我個人主要使用上白糖,但若是用於全麥麵粉時,會希望能掩蓋住麩皮氣味,而併用蜂蜜。細砂糖沒有任何特殊氣味、蔗糖的營養價值很高等等,請傾聽各種聲音,並使用個人喜好的食材。

使用糖類的目的,

① **賦予甜味。**

② **成為麵包酵母的食物。**

③ **藉由梅納反應、焦糖化使其呈現烘烤色澤。**

④ **提升冷凍、冷藏耐性。**

⑤ **具有防止麵包老化的效果。**

等等。

▉1 糖的種類

砂糖中有上白糖、細砂糖、液態糖、三溫糖、蔗糖、冰糖、和三盆糖…等,總之有各式各樣的種類。雖然不能說和鹽相同,但卻相似地很難將其風味反映在麵包上。液態糖(葡萄糖和果糖就是以單糖狀態存在,分子量加倍)的材料,就會對麵包酵母的發酵造成影響(延緩發酵)。但若是黑糖,就會改變麵包的風味,依形狀及處理方法,也會影響麵包的口感。建議大家充分瞭解成分、製作方法,才能區隔使用。

葡萄糖也是單糖，是麵團中麵包酵母最早會接觸並分解的。上白糖或細砂糖是結合了葡萄糖和果糖2種糖類，但在麵團中麵包酵母的菌體外酵素轉化酶（invertase）作用，不需花時間靜置就能分解，因此反應速度幾乎與葡萄糖沒有差別。

奶粉或牛奶中所含的乳糖，無法被麵包酵母分解，所以也無法成為麵包酵母的食物進而產生二氧化碳。無法促進發酵，但相對地會貢獻在烘烤色澤上。

果糖的特徵是高甜度。所謂的甜度，是以砂糖甜度100，官能測試（15℃、15%溶液）所呈現的數據。結果是果糖160、轉化糖120、砂糖100、葡萄糖75、水飴45、麥芽糖35、乳糖15。

另外有一點希望大家都能牢記的是，糖類的焦糖化（焦化）溫度。果糖110℃、乳糖130℃、蔗糖、葡萄糖、半乳糖（galactose單糖的一種，存在於乳製品、甜菜、膠（gum）等當中）160℃、麥芽糖（結合二分子葡萄糖的還原性雙醣類）180℃等。順道一提，這也就是使用含較多果糖的蜂蜜來烘烤海綿蛋糕，完成時底部會有深色蛋糕體的原因。乍看之下或許會覺得這是不太有用的知識，但在接下來的40、50年持續烘焙麵包或糕點，必定會有發揮其作用的時候。

2 糖對麵團的影響

吸水：砂糖配方較多的麵團，吸水性會隨之減少。參考標準是增加上白糖5%，會減少1%的吸水率。順道說明，油脂類也是增加5%，吸水性會減少1%。加上砂糖的溶化需要時間，糕點麵包等，開始攪拌時雖然看起來很硬，但伴隨時間而溶化的砂糖，會使麵團變得鬆弛柔軟，請務必注意！

攪拌時間：砂糖較多的麵團會感覺其中的鬆弛、滑順，看起來麵筋組織充分連結，但請不要被騙了，不僅是砂糖，副材料較多的麵團，阻礙麵筋結合的物質也越多，因此攪拌時間就越長。

發酵時間：糖的配方量在8～10%以內，都能促進麵包酵母活性，但超過時，則會開始阻礙麵包酵母的發酵。即使如此，10～20%之內，一般的麵包酵母（日本的麵包酵母）都還能應對使用，但砂糖添加量超過這個比例時，請務必使用耐糖性的麵包酵母，區隔使用的效果極為驚人。

6 油脂

　　麵包使用的奶油、乳瑪琳、酥油（shortening）、豬脂等，幾乎都是固態脂肪，雖然極少數冰著吃的麵包會使用沙拉油，但請將其視爲例外。考慮風味時，依序是奶油、乳瑪琳、酥油＝豬脂。當然，這些也各有不同的級別，價格也各不相同，無法一概而論。若考量麵包製作特性，依序應該是酥油、乳瑪琳、奶油＝豬脂吧。

　　油脂添加至麵團的時間點，基本上是麵筋延展至某個程度後再添加，使油脂能沿著麵筋組織分散在麵團中。但想要營造出良好的斷口性時，要在最初就加入，削弱麵筋的結合。

　　油脂的目的，可列舉如下。

① **使表層外皮（crust）薄且柔軟。**

② **使柔軟內側（crum）薄且細緻、均勻，並呈現光澤。**

③ **提升風味、香氣、口感。**

④ **防止麵包水份蒸發，延緩老化。**

⑤ **提升營養價值。**

⑥ **使麵團延展性變好、強化氣體保持力、增加麵包的體積。**

⑦ **使麵包更易於分切。**

⑧ **提升冷藏、冷凍耐性。**

⑨ **提高機械耐性。**

　　另一點，希望大家多加留意的是融點。在常溫下液態的菜籽油融點是在0℃以下，但牛脂（tallow）是40～50℃、豬脂（lard）的內臟部分是34～40℃、豬脂的皮下脂肪部分是27～30℃、奶油則是32℃等。特別是可頌、布里歐等奶油配方較多的麵團，發酵室、最後發酵溫度認爲應該較使用油脂的融點低5℃爲宜。

⬛ 油脂的種類與特徵

奶油：考量風味和香氣，再怎麼說最推薦的當然就是奶油。但在麵包製程中必須考慮到溫度爲較低的32℃，就不是很適合使用直立型烤箱（物理性在32℃左右時會瞬間從固態變成液體）。

調和乳瑪琳 Compound margarine：是在乳瑪琳中添加了某個程度比例的奶油製成，因此同時可以顧及加工性及風味。依照混合的奶油比例，麵包製程及價格也有所不同。

乳瑪琳：以植物油脂爲主體，加入水份等使其乳化製成，具可塑、也具流動性的成品，油脂含量80%以上稱爲乳瑪琳，未達80%的稱爲塗抹油脂（fat spread）。

酥油：與乳瑪琳最大的不同在於無味、無臭，不含水份、含有氮氣，也含有防止氧化劑和食用乳化劑。乳瑪琳大多可以直接食用，但酥油則大多是以原料形式，運用於製作糕點或麵包上。成品的特徵就是酥、易碎的脆感（shortness），它的加工性、安定性、乳化性、分散性等，在提升麵包、糕點品質時，是很重要的原料。

豬脂：雖然被認爲是決定中華料理風味的原料，但在麵包製作上，扮演的則是烘托出食材風味的重要作用。在想要強調穀物滋味、發酵風味（也有無味無臭的，避免影響發酵氣味）時，不可或缺的原料。

　　以原料區分油脂的說明如上，也可以用途區隔進行說明。

揉和用油脂：希望獲得薄且滑順分散，順著麵團的麵筋組織，因此需要固態脂肪，而重點就在於揉和的溫度、硬度。過硬、過軟、液態都不行（依商品不同，夏季和冬季的融點也會有所改變。請留意商品說明再使用）。加上含有酵素劑、乳化劑、風味液體等，使得難以被分散的物質能均勻地分散至麵團中。

折疊用油脂：用於可頌、酥皮類糕點麵包（pastry），但與麵團混合時，需要的是不破損與麵團同時被延展的可塑性（像黏土般容易塑形，又能保持形狀的物理性）。話雖如此，在製作優質折疊麵團時，重要的不止取決於折疊用油脂的品質，適合折疊的麵團硬度和發酵狀態也十分重要。折疊用油脂並非剛從冷藏室取出的堅硬油脂，而是必須先放至回復至某個程度的室溫，麵團和折疊用油脂各別事先用擀麵棍擀壓等，這些考量及細節必須要注意。

炸油：指的是油炸麵團時的專用油脂。藉由以油炸使麵團中的水份氣化，炸油與蒸發的水份替換而進入麵團中。這個分量就稱爲吸油率，也是甜甜圈的美味來源。一般而言，酵母甜甜圈爲15%、蛋糕甜甜圈則是25%。

　　炸油，有常溫下呈液態與固態的，液態的炸油會帶給甜甜圈潤澤的口感，但包裝時容易沾黏，會弄髒包裝。固態的油脂不會黏黏，冷卻時也不會收縮。甜甜圈並沒有麵包製作定義中的「烘焙」，因此分類上不是麵包，而被劃分成油炸糕點。使用食品添加物時，務必要注意。

脫模油：爲了使麵包能輕易脫出烘烤模型或烤盤，而刷塗的油脂。除了過去一直使用的刷塗之外，噴霧式也變多了。依照麵團配方，不容易脫模的製品也越來越多。包括混合使用兩種方法，不僅是考量成本，也必須考慮到生產

性能及商品價值的提升（我個人製作不易脫模的香蕉麵包等，會刷塗固態油脂、撒入麵粉，最後再噴霧液態油）。

2 何謂反式不飽和脂肪酸
（trans-unsaturated fatty acids）

歐美各國死亡率第一的就是心血管疾病，其主因就是飽和脂肪酸和反式不飽和脂肪酸攝取過多。也因為這樣的情況，美國在2006年1月開始，就規定必須在加工食品中標示出反式脂肪酸。但在日本，因脂肪、飽和脂肪酸的攝取較少，亞麻油酸（linoleic acid）等多價不飽和脂肪酸攝取較多，因此影響較低。

反式不飽和脂肪酸含有率較多的食品，是乳瑪琳、塗抹油脂（fat spread）、酥油、速食品、油炸薯條等。

2007年食品安全委員會的調查報告中，1日攝取反式不飽和脂肪酸的平均，在全部攝取的卡路里中，美國是2.6%、日本則是0.3～0.6%。因此日本人並未達到WHO警告的1%，所以結論是在一般飲食生活中，這些對健康的影響相對是很小的。

7　蛋

麵包中使用的幾乎都是雞蛋。除了新鮮雞蛋外，也有去殼的蛋液、冷凍雞蛋、雞蛋粉、冷凍加糖蛋黃等，各式各樣的加工蛋，因此建議依目的區隔使用，會有如下的效果。

① 改善柔軟內側（crum）、表層外皮（crust）的色澤（顏色、光澤）。

② 蛋黃中的卵磷脂發揮乳化劑的作用，能改善麵團延緩老化、膨脹體積。特別是油脂較多的麵團更能發揮效果。

③ 提高營養價值。

④ 雖然起泡性對麵包並沒有那麼必要，但據說略微起泡後再添加，會讓體積膨脹效果更好。

⑤ 具有提升熱凝固性，有助骨架的形成，氣體保持力的效果，也可以添加5%的蛋白作為防止側面凹陷的應對之策。

　　順道提一下基本知識，一般蛋黃：蛋白：蛋殼比例是3：6：1，蛋黃：蛋白的比例是1：2，全蛋的水份：76.1%、蛋黃：48.2%、蛋白：88.4%，

請先認知使用新鮮雞蛋時，水份視為76.1%，並注意加水量。另外，也必須加註過敏標示。

容我再多說一句，關於雞蛋有許多以訛傳訛。①相較於白色外殼，紅殼蛋較營養、美味（→蛋殼的顏色是因雞的品種而不同）。②蛋黃濃黃的比較營養（→蛋黃顏色與飼養雞的飼料有關）。請大家留意不要將錯誤的訊息傳遞給顧客。

8 乳製品

麵包大多會使用奶粉（脫脂奶粉、全脂奶粉），也會使用牛奶、煉乳、加糖煉乳等。使用目的，列舉如下。

① 強化營養（特別是離胺酸 Lysine、甲硫胺酸 Methionine、色胺酸 Tryptophan 等必須胺基酸的補充）。

② 提升風味、香氣。

③ 改善烘烤性。

④ 防止老化。

9 水

水是基本原料之一，也是最重要的原料之一。

日本的水，在全國各地或許多少有點不同，但幾乎都是略偏軟水，在製作麵包時不會造成妨礙的硬度。開設店舖時，最初的水質調查非常必要，但只要使用的是自來水，就不太需要擔心。偶而少見的會因地區使水質硬度略高，或因靠近淨水場而含氯成分過強，但這也是調查一下該地區就會知道的事。

我租借的店面，使用的是地下水。當然在簽約時也進行了水質調查，但可能也因為店舖閒置了一年的關係，總覺得水的味道讓我十分介意。曾經放著任水流出一整天，希望能消除這個味道，但最後仍失敗，所以我花了很大的預算重新設置了自來水管線，也支付了昂貴的水費。

另外要注意的是，不是水龍頭流出來水就都是自來水，請務必留意由大樓蓄水槽流入的自來水。

第2部

麵包的製程

PROCESSES

確認您製作麵包的知識！

Q.3

攪拌製程後半段，添加葡萄乾時，
用中速迅速混拌比較好。

☐ ○　　　☐ ✕

答案　➡　P.126
解說　➡　P.25

Q.4

被問到烘焙完麵包的鹽份時，
照著配方表的烘焙比例回答，就是專業。

☐ ○　　　☐ ✕

答案　➡　P.126
解說　➡　↓

〈解說〉

　　考量麵團的配方，烘焙比例是最有效的方法。但對客人而言，就只是百分比（一般的%）的參考。

　　例如完美烘烤的法國麵包等，會感覺到強烈的鹹味嗎？

　　法國麵包的鹽份濃度是$2/172 \times 100 = 1.16$，吐司$2/185 \times 100 = 1.08$、布里歐的鹽份濃度是$2/242 \times 100 = 0.83$。

　　烘焙完的麵包，就更加不同。法國麵包的燒減率基準是22%，因此$2/(172-22) \times 100 = 1.33$、方型吐司是10%，所以$2/(185-10) \times 100 = 1.14$。由此就可以知道，咬下一大口麵包的食鹽含量，會因麵包種類而有很大的不同。站在食用者的角度思考鹽份，才是專業。

1. 原料的選擇

今後是個差別化、個性化的時代。原料的選擇也應該儘可能具有特色，能與其他麵包坊做出區格。原料是最終成品的基礎，而且一旦開始使用之後就很難更改，基於以上各點，請慎重思考並選擇。

另一方面，原料也是日益進步中，當完成優質成品時，請果敢地挑戰、測試並加以果決地進行判斷。

2. 原料的計量

計量的原則是，越是少量的材料越是得精準量測。麵粉、水等用量越大的材料，即使略有出入，也可以在後面進行調整，對最後的成品幾乎不會有太多的影響。但是，鹽、麵包酵母、酵母活化劑等用量少的材料，若是太馬虎則後果就會反應在最後的成品上。因此，用量少的材料會標示到％的小數點第一位，用量大的材料則會以整數來標示其配方。

3. 攪拌（揉和）

我認識的麵包製作者，技術頂級也是麵包坊的店主，至今仍親自預備所有的麵團。這是因為攪拌是最終會左右麵包品質及風味的重要製程。

在此，記述的是基本的攪拌速度、時間，但也僅提供作為參考標準。麵粉的種類、配方的平衡、攪拌機的機種、預備用量、麵團溫度、麵團硬度、這些只要有一點點的不同，攪拌時間也會隨之改變。在完全理解這些狀況後，決定攪拌的最終重點（最適合的要領），就是技術與經驗了，再加上自己預想中的麵包體積、口感、風味、老化等等。一旦將麵包製作視為一生職志，追求極致地想像自己想要製作的麵包，進而思考配方、作業製程、決定攪拌程度，嘗試著製作、食用，仔細思考麵包與自己的想像是否一次比一次更接近。依照配方製作麵包，素人、門外漢都能辦到，但若是想要製作出真正美味的麵包，終其一生都是困難的探求。這也是麵包入門容易，但卻深奧之處。

◎ 所謂離析 Unmixing

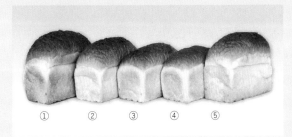

① ② ③ ④ ⑤

請參考照片。最終階段，完成適度攪拌的是①，再持續以低速攪拌2分鐘是②。再持續以低速攪拌2分鐘（合計4分鐘，是③）。再持續以低速攪拌2分鐘（合計6分鐘，是④），當最適度攪拌狀態的麵團再持續低速攪打，致使麵包容積減少。接著將麵團以高速攪拌5分鐘，烘烤完成的麵包就回復到接近最初的體積，烘烤完成麵包是⑤。

因離析（Unmixing）造成的麵包品質變化

攪拌條件	① L 4 ML 3 MH 4 ↓（油脂） L 2 ML 3 MH 3	② ①＋L 2	③ ②＋L 2 （①＋L 4）	④ ③＋L 2 （①＋L 6）	⑤ ④＋MH 5 （①＋L 6 MH 5）
麵包容積（cc）	2190	1839	1623	1571	2167
比容積	5.60	4.56	4.01	3.85	5.56

麵包製法：吐司：高筋麵粉100%、麵包酵母（新鮮）3%、砂糖5%、鹽2%、酥油4%、粉末麥芽精0.3%、水27%、
VC 30ppm、揉和完成溫度調整至28℃、發酵時間20分鐘

資料：一般社團法人日本麵包技術研究所提供

　　像這樣使用高速攪拌至最後階段的麵團，再持續用低速攪打就稱為「離析 Unmixing」。容積減少，是因為高速攪拌使麵團薄膜化，之後持續低速攪打，使特地形成的薄膜化麵筋組織又回復成原先較厚的狀態（這樣的現象由染色的螢光顯微鏡照片，將其可視化而得到的結果）。幾乎所有人都覺得自己不會這樣的蠢事吧。那麼，在製作葡萄乾麵包等攪拌作業的後半，添加葡萄乾時要用低速？還是中速？夏季，麵團溫度過度上升，用冰等冷卻時，要用低速嗎？還是中速呢？意外地一不小心，就會產生離析（Unmixing）了。

　　麵團完成之後，不能再使用低速攪拌。許多攪拌初期未增加膨脹體積的麵包種類，在攪拌作業的後半避免使用低速，也能獲得改善。

　　最近，店內開設了適合家庭主婦的麵包教室。教授以手揉製麵包，也因而再次檢視了攪拌的基本。

① 蛋白質含量較多的高筋麵粉，使用強力的高速攪拌。

② 蛋白質含量較少的低筋麵粉，使用較弱的低速攪拌。

③ 蛋白質含量中等的中筋麵粉，使用中等的中速攪拌。

　　或許一下子反應不過來也說不定，但這就是攪拌的基本。至今日本麵包店，用的都是由世界各地物色進口可以耐高速攪拌、蛋白質含量高且優質的小麥粉，像是加拿大的1 CW、美國的DNS，但未來就不一定了。使

用日本國產小麥，或是當地生產的小麥時，就必須考慮使用的小麥特性來進行攪拌作業。配方、製程、吸水、攪拌機的機種、旋轉速度、間隙距離（clearance），在這片土地上，用這個地區栽植的小麥，將小麥靈活運用至極大化地製作成麵包，這才是原來該有的麵包製作法。依麵包的配方、製程、設備等來尋找合用的小麥，這並非該有的狀態。當然，目前爲止爲了維持麵包市場也必須如此，但今後開始使用獨具特色的日本國產麵粉、全麥粉、穀粉時，檢視混合原料（麵粉、穀粉）製作麵包的方法，也非常重要。

攪拌的3原則是「敲叩、延展、折疊」，但這3項要點並非均等。只有其中之一也能使麵團更進一步結合。雖然是較極端的例子，但是使用「自我分解法」，僅是靜置（使麵團休息）就能延展麵筋組織。請再次仔細思考，適合麵粉的攪拌方式，是什麼樣的呢？

4. 基本發酵

無論怎麼說，製作美味麵包最重要的，就是發酵。到目前爲止我都認爲只要考慮麵包酵母的發酵就好，但今後製作美味麵包時，除了麵包酵母的發酵能力之外，同時還有乳酸菌所產生的有機酸、胺基酸，再更細說還有抗菌物質等，因酸種（sourdough）產生的發酵和熟成的平衡也非常重要。話雖如此，也有不使用發酵種的麵包製作法，所以，首先從僅用麵包酵母的基本發酵開始說明（與麵包酵母併用使用發酵種，或是僅用發酵種並期待乳酸菌活躍發展時，只有4～6小時的發酵時間，是完全不夠的，24小時、48小時的發酵時間十分必要）。

所謂的發酵，我個人認爲是氧化與熟成的平衡。所謂的氧化，就如同字面上的意思，是麵團氧化後，強化麵筋結構，使麵團能有良好的氣體保持力，並且賦予麵團彈力的現象。另一方面所謂的熟成，是隨著時間拉長而增加的有機酸、遊離胺基酸，使麵團軟化並增加其延展性。

製作麵包的原料、製程，全部都與上述的氧化與熟成有關，只是影響程度與速度上有很大的不同。大量的麵包酵母、像維生素 C 的氧化劑、高溫的揉和完成溫度、發酵室等會促進氧化；反之，麥芽精或少量的麵包酵母，低溫的揉和完成溫度、發酵等，則會促進熟成。

一直以來，我都認爲就應該像是 Y ＝ X 般，氧化（Y）和熟成（X）恰到好處

CoffeeTime ☕　　**麵團的氣體產生能力和氣體保持力**

　　麵團在發酵時，麵包酵母會在吃掉糖之後，產生二氧化碳和酒精。這個二氧化碳會被麵筋薄膜包覆，麵團膨脹後體積變大。

　　作為促進氣體產生能力的要素，包括：麵包酵母的用量、鹽量、糖量、麥芽精量、水的水質與用量、麵團濕度、發酵室溫度、發酵時間、有無壓平排氣、中間發酵、最後發酵的溫度、時間等。另一方面，增加氣體保持力的要素，包括：麵粉的品質、蛋白質量、酵母活化劑（yeast food）的品質和用量、鹽量、油脂的種類和用量、水的水質與用量、攪拌的程度、麵團濕度、壓平排氣的次數和強度、滾圓整型的方法與強度等。

　　但也並不是那麼單純的，只要氣體產生能力和氣體保持力兩者皆強就好。即使氣體產生能力較差，但長時間由酵素產生的物質也一樣能讓風味深層、更具美味。氣體產生能力強可以短時間完成，但相對麵筋組織的結合就比較差。因此，烘烤烹調過的麵包，或是烘烤後進行烹調的麵包，斷口性良好，能美味地享用（典型的例子就是德式凱撒 Kaisersemmel）。

　　的平衡，就是製作美味麵包的基本，以這樣的配方比例來考量製程，但最近我的想法有點改變了，覺得不如更抑制氧化，更著重於熟成地讓 $Y=\frac{1}{2}X$ 的狀態，應該可製作出加倍美味的麵包。當然，美味因人而異，無法一概而論。我深深覺得美味的感覺，也是會因人、因時代、因年齡而改變。

5. 壓平排氣

　　基本發酵的過程中，折疊麵團、排出氣體，就稱為壓平排氣。目的可列舉為

① **麵團中的麵包酵母周圍會被自己產生的二氧化碳所包覆，導致氧氣不足。藉由這個製程排出氣體，氧氣得以供應。**

② **增加麵團的力道（加工硬化）。**

③ **使麵團中央與外側溫度一致。**

④ **改良口感及風味（強化柔軟內側的彈力、口感更紮實、香氣更清爽）。**

等等結果。

　　零售麵包坊（Retail Bakery）也有不進行壓平排氣的無壓平排氣製作法，這個製作方法完成烘焙的麵包內側狀態及氣泡看起來均勻，但是香氣卻薄弱、口感不佳。決定商品的好壞，不僅是外觀，還必須吃吃看。

　　那麼，請試想若不是故意的，但萬一忘了進行壓平排氣，該怎麼辦，麵包會變成什麼樣子呢？以我來看，若是吐司，使用麵包酵母是3%以上時，不需要壓平排氣。一般的配方和使用3%以上的麵包酵母時，發酵時間是60分鐘。若麵包酵母是2.5%，則是60分鐘後壓平排氣，之後再發酵30分鐘。若麵包酵母是2%，則是90分鐘後壓平排氣，之後再發酵30分鐘。但90分鐘的壓平排氣忘了進行，在發酵100分鐘時發現了，就進行略輕的壓平排氣，再發酵20分鐘。因為太忙碌，無論如何都必須在80分鐘進行壓平排氣作業時，就進行強力的壓平排氣，後面發酵40分鐘。用相同力量壓平排氣時，至進行壓平排氣為止的發酵時間越長，壓平排氣的效果也越大。因此壓平排氣的時間越晚，就要用略輕的力道；提早壓平排氣時，因效果較低，所以要比平常更強力地進行壓平排氣。

　　為了讓大家能充分理解，在此說明關於「加工硬化和鬆弛結構」。在製作麵包時，就必須經過攪拌、基本發酵、壓平排氣、分割、中間發酵、整型、最後發酵、烘焙的各種製程。這些製程，可以全部總結成「加工硬化」和「鬆弛結構」。換言之，一旦在麵團上施力「加工」，則必定會產生「硬化」，使麵團靜置就是使其「鬆弛」。施以外力使麵團緊實的製程：攪拌、壓平排氣、分割、整型，全都是「加工硬化」。靜置麵團的製程：基本發酵、中間發酵、最後發酵等，悄然靜置的作業，全都稱為「鬆弛結構」。本來是用於金屬加工的單字，但在使用麵粉製作的烏龍麵、蕎麥麵、麵皮…都可以套用這個說法。**大原則必定是「加工硬化」和「鬆弛結構」得要相互交替進行。**若沒有遵守這個大原則，有可能會產生中央填餡的紅豆麵包變成中央凸點的紅豆麵包（包餡後＜加工硬化＞，要先靜置15分鐘＜鬆弛結構＞，中央處就不會產生凸點）；熱狗麵包變成像香蕉般彎曲（經過麵團整型機moulder＜加工硬化＞的餐包麵團，靜置5分鐘＜鬆弛結構＞再放上烤盤就不會彎曲了）；可頌的新月形完全不一致（三角形麵團捲起後＜加工硬化＞，靜置＜鬆弛結構＞5分鐘再整型，就能做出均勻的新月形）。

6. 分割、滾圓

　　分割，可以使用量秤以手分割成固定重量，或用機器分割成固定大小的固定容積。用手分割時，雖然不會損壞麵團，但因為需要花較長時間，導致

發酵時間的不均等，使用機器分割機（Piston divider）時，則會因壓縮、分切而損及麵團。即使同樣用機器分割，用於法國麵包的加壓式分割滾圓機，就不會對麵團造成加壓，反而在麵團收縮時，使麵團中的二氧化碳能溶入自由水之中，在烤箱中氣化有助於烤箱內延展（oven spring）。正確地瞭解麵團，才能有效地使用機器。

關於滾圓，在此（分割）的滾圓與整型的滾圓意思不同。分割後的滾圓是以更容易進行後續整型製程爲目的。一旦過度強力滾圓，無意義地中間發酵時間變長，導致麵團過度發酵。另一方面，整型的滾圓，是確實使其成爲圓形，以增加麵團彈力，提升烤箱內的延展。

今後的時代，很難確保大家都身懷技術，爲了時間的妥善利用，應該要有某個程度進行投資設備的覺悟。

容我多言，雖然有人覺得分割滾圓機很容易有紊亂分割（分割重量不均勻）而不喜歡使用，但這是不白之冤，會產生紊亂分割的情況，大多是錯誤的作業組合。使用分割滾圓機時，製作麵團後，在進行發酵前會先進行大塊分割，放在 Landing plate 八成大小的盤皿（像盆栽接水底盤）中，進行基本發酵，端正麵團就能用分割機進行分割，也能避免分割不均的狀況。

7. 中間發酵

所謂中間發酵，是分割、滾圓過的麵團，爲避免被下一個整型製程的外力損傷，而進行的鬆弛結構作業。時間過短就整型，麵團會受到損傷；時間過長，麵團的氣體保持力會變差，而使得氣體排出過多。雖然大多是在室溫進行麵團的管理，但爲了避免麵團乾燥，很重要的是發酵條件要避免超過27℃（烘焙廚房的作業環境請以26～27℃爲基準）。一般吐司麵團是17～20分鐘、法國麵包是30分鐘。反過來說，在這之前的滾圓作業，請進行強力滾圓，讓麵團在這段時間內鬆弛結構，以方便後續的整型製程。若到了既定時間卻無法整型，那就表示分割時的滾圓力道過強。乍看之下很容易被忽略，但最後意外地會對成品產生很大的影響。

8. 整型

　　將形狀整合成能提高商品價值，又令人垂涎的製程。雖說如此，但過度複雜的整型會使得氣體過度排出，特地形成的發酵香氣與美味成分等有用物質都因而散失，反而離美味的目的更加遙遠。製作吐司時，這個作業可以經由機械完成，也能用手整型。並非科技就能超越手工整型，機械整型也必須正確地調整麵團整型機（moulder）的滾輪間隔、輸送帶的速度、捲鍊（curling chain）的長度及重量、碾壓板的壓力，有可能整型成和手工整型十分近似的成品。

　　調整的重點，請向前輩們請益學習。根據枕型（one loaf）、U字型填裝、U字型交替填裝、M字型填裝、滾圓填裝（車詰め）、渦旋狀填裝（唐草詰め）等，麵包的氣泡和口感也會不同，影響最大的是吐司模型中填裝多少個麵團。氣泡越多越細緻，是麵包充分發酵（進行）的現象。

吐司模型的填裝

枕型（one loaf）
U字型填裝
U字型交替填裝
M字型填裝
滾圓填裝
渦旋狀填裝

9. 發酵箱發酵（二次發酵、最後發酵）

終於到了最後發酵。一般最後發酵的條件，麵包、糕點麵包等是用38℃、85%；法國麵包或德國麵包是32℃、75%；可頌或丹麥麵包則是27℃、75%（使用奶油時）；若是甜甜圈則以40℃、60%（乾燥發酵箱）為參考標準。其他的姑且不論，特別關於吐司，請將這個溫度、濕度視為上限。比這個低溫也沒有關係，如果時間允許，溫度越低，放入烤箱的最佳時間（允許範圍）越長。

MOF法國最佳職人的 Didier Chouet 先生在（一般社團法人）日本麵包技術研究所（以下簡稱麵包學校）講習時，麵包的基本發酵和最後發酵幾乎都是在25℃以下，法式長棍麵包是15℃、3～4小時，全裸麥麵包等是25℃、3小時。之後經麵包學校確認並發表實驗結果，就是：低溫進行最後發酵，即使麵團溫度較低，但仍然能在烤箱中有很好的延展。在尚未習慣時，最後發酵的最適當時機區間，也就是放入烤箱的最適當時機很難掌握，也十分不安。但請大家放心，一旦習慣後，麵團表面的氣泡大小、麵團晃動時的鬆弛程度、輕觸時的彈力等，不可思議地就能輕易分辨出放入烤箱的最適當時機，自然成為自己的一部分。

希望大家注意的是，預想麵團在烤箱內的延展度，例如 Pullman Bread（方型吐司），放入烤箱時，我自己留意到的是：最後發酵時間會比較短（比平時達到放入烤箱的時間早），則此時縮短的時間，就會變成烤箱內延展（變大）的體積，所以提前（在最後發酵的體積尚未達到時）就放入烤箱。反之，最後發酵時間較長時（更長時間才能達到放入烤箱的麵團體積時），會造成烤箱內的延展不佳，所以會更拉長最後發酵的時間（使麵團體積變大）。也就是說，不能每一次都以相同時間、相同高度（體積）放入烤箱。

CoffeeTime ☕   刷塗蛋液的考量

我的麵團配方，特別是會因砂糖的配方用量而改變刷塗蛋液的濃度。大致是法國麵包刷塗蛋白（使用沒有蒸氣裝置的烤箱時）；餐包、糕點麵包則是用50%的水稀釋過的全蛋液；甜麵包卷、布里歐則是用全蛋液。如此刷塗過蛋液的部分和麵團部分，就能烘烤出具明顯烘焙色澤差異的外觀。

10. 烘焙

麵包技術人員必須是通才，除非精通完整的麵包製程，不然無法得到周圍的認同，但只有烘焙是例外。只要能完美地完成烘焙製程的技術人員，就會被認定是水準之上的技術者，並受到尊敬。我自己也曾經歷過，即使是相同的麵團，因烘焙的人不同，麵包的呈色也因而產生差異。到底是哪裡不同，當時青澀的我無法理解，但真正專業技術者所烘焙的，就是美味滿分的外觀。

關鍵在於高溫短時間的烘烤。由此可以烘焙出外層（表皮）薄，且柔軟內側（中央）Q彈的麵包。高溫烤箱烘烤時，明顯的麵包更具光澤。我個人除了刷塗蛋液的麵團之外，即使是方型吐司也會放入蒸氣。藉由有效地利用蒸氣的凝結熱（氣體的蒸氣接觸到冰冷麵團變成水滴時，會供給麵團表面，產生 539 kcal 凝結熱。這個熱量會使麵包表面急遽地 α 化，促進內部傳導熱的同時，也會形成很棒的表層外皮），和汽化熱（沾附在麵團表面的水滴隨著麵團溫度上升的同時，從水份變成氣體，此時，會再從麵團中奪走 539 kcal 的汽化熱，造成麵團一時之間的溫度上升延遲。藉由以上的作用，麵團才能在高溫的烤箱內持續進行延展）進而完成。

固定箱式烤箱（Peel Oven）烘焙吐司時，無論如何麵包側邊的呈色都比較差，這是因為固定箱式烤箱的熱對流較弱，吐司模型的間隔較為狹小，所以模型與模型間的溫度一直無法上升，這個時候請使用蒸氣以形成烤箱內的對流。蒸氣本身的熱量與對流，會使高溫的熱量流入模型間的狹小間隙，使麵包側面也能漂亮的呈色。

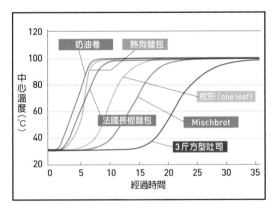

烘焙時麵包中心溫度的變化

（縱軸）中心溫度（℃）：20, 40, 60, 80, 100, 120
（橫軸）經過時間：0, 5, 10, 15, 20, 25, 30, 35

圖中標示：奶油卷、熱狗麵包、枕形（one loaf）、法國長棍麵包、Mischbrot、3斤方型吐司

從烘焙開始至中心溫度升至98℃為止的時間

	分割重量（g）	到達98℃的時間（分）
奶油卷	50	8
熱狗麵包	80	9
法國長棍麵包	350	10
枕形	400	17.5
Mischbrot	600	22
3斤方型吐司	1560	35

資料：（一般社團法人）日本麵包技術研究所提供

另外一點，雖然是較極端的例子，就是當天若是初次放入烤箱，烤箱內沒有水份，這樣的狀態稱爲荒釜（aragama），一旦在沒有蒸氣的高溫烤箱內放入麵包卷等麵團，在放入的同時表層外皮立即成形（固定），也停止了烤箱內的延展，麵團會乾燥而產生烘烤不均的狀況。像吐司般加入6%左右的砂糖時，若是放入店內240℃的烤箱，蒸氣散發後降溫至220℃，以37分鐘（3斤條狀吐司達到98℃的時間爲35分鐘，＋2分鐘是安全率）（3斤模型）來完成烘烤。

雖然完成烘焙，但還不能安心，千萬不能忘記成品出爐後的敲擊。烤箱中是220℃的高溫，麵包內部也是相近90℃的溫度（麵包內部約存在40%左右的水份，因此不會超過100℃以上）。從烤箱中取出的吐司，直接靜置於27℃的室溫，麵包內的氣泡（sudachi）確實地收縮，使得吐司呈現側面彎曲凹陷（caving），或上端凹陷（麵包的頂部凹陷）。像熱氣球的內部溫度下降時，氣球會萎縮墜落。這個現象，就是在學校學習的「結合氣體定律 *（Combined gas law）」，「氣體的體積與壓力成反比，與絕對溫度成正比」。

※ **結合氣體定律**：是由 Boyle 法則　pV＝k 和 Charles's 法則　V/T＝k 組合而來，「質量一定時，氣體的體積 V 和壓力 p 成反比，與絕對溫度 T 成正比」，V＝kT/p （k 是常數）。

※ **使用上面的數值爲例，以及 Charles's 法則可得**

$$V / (273 + 99) = X / (273 + 27)$$
$$X = (273 + 27)V / (273 + 99)$$
$$X = 0.806V$$

也就是在烤箱內部99℃的麵包氣泡，什麼都不做的移至27℃的室溫時，氣泡體積是0.806V，約變小2成。氣體的體積變小，周圍的壁（膜）會向內拉扯，而造成麵包的凹陷，這個現象就稱爲彎曲凹陷（caving）。

在變成這個狀況前，給予衝擊使氣泡龜裂，內部的高溫氣體和外部冰冷的空氣相互替換。如此一來，就能避免損及商品價值的彎曲凹陷。這樣的效果對吐司當然可行，其他像是糕點麵包、可頌、酥皮奶油類甜麵包（pastry），特別是派皮等也能看得出效果（請參考 P.125）。

容我多言，烘焙完成的吐司，請務必放置在平坦的地方。底部彎曲的工作檯，也是造成彎曲凹陷的原因。

據說麵包的風味、香氣，有7成是因焙烘而產生。這個證據就在於剛完成烘焙的麵包，不經放置地除去表皮外層時，剩餘柔軟內側的風味和香氣就立即減半了。這是因爲烘焙時梅納反應※、焦糖化※所產生的味道和香氣，移轉至柔軟內側，麵包的美味效果十分顯著。

※ **梅納反應**：糖和胺基酸反應後，生成類黑精（Melanoidin）的代表性非酵素反應（褐變反應、化學反應）。也稱爲胺羰反應（amino-carbonyl reaction），雖然在常溫之下也會反應，但越是高溫，反應的速度越快。麵包外皮的黃金褐色，被認爲有8成是梅納反應，也是麵包美味最重要的原因之一

※ **焦糖化**：藉由糖類加熱失去水份而產生的聚合反應，因糖的種類而異聚合的溫度也隨之不同。溫度最低的是果糖的110℃（海綿蛋糕等使用蜂蜜時底部變爲深色的部分，就是蜂蜜的主要成分，果糖的焦糖化現象）、乳糖130℃、葡萄糖和蔗糖是160℃、麥芽糖是180℃。異味物質（香氣成分）也同時產生。

11. 冷卻

麵包包裝、切片都必須要冷卻至某個程度。空氣中有雜菌和粉塵，大工廠會設置冷卻室，藉由高效濾網（High efficiency particulate air filter）（除菌濾網），藉由某個程度除菌、冷卻，送入有溫度管控的空氣。零售麵包坊（Retail bakery）雖然沒有要求必須達到這個程度，但也請留意儘可能在減少污染的環境中冷卻。

12. 切片、包裝

每天切片時，會因爲切片機（Slicer）而導致風味的改變，要使切片機（Slicer）能保持在最佳狀態，是麵包製作工具管理中最基本中的基本。雖然是麵包坊店主應該要留意的事，但若無法管理時，至少要決定負責管理者，請務必隨時保持在可使用的最佳狀態。

吐司中心溫度在38℃以下，認爲是可以切片的時機。雖然很多時候在烘焙完成當下就不得不進行切片，但必須考慮到客人可能無法接受切面的不平整、形狀容易崩壞等狀況。

CoffeeTime ☕ 所謂的「Relax Time 休息時間」

　　無論是成團的麵團還是整型的麵團，在冷藏、冷凍時，都應該儘可能迅速地使麵團冷卻，是基本原則。但滾圓、整型後的麵團表面，明顯的會有損傷。受損的麵團若又直接觸及冷空氣，則受損處會更加嚴重而無法回復。滾圓、整型後的麵團，請置於常溫5分鐘即可。這個時間，是藉由發酵恢復麵團的損傷，使最後成品的品質及表層外皮能完美呈現，我將這個時間稱之為「Relax Time 休息時間」。

　　令人容易混淆的是 Relax Time、Floor Time、Bench Time 的不同。

　　Floor Time、Bench Time 靜置時間是麵包製程的一環，主要作用在於「鬆弛結構」，使接下來的製程能更順利的預備作業。另一方面「Relax Time 休息時間」，與製作麵包製程上意義不同，請視為受損麵團的修復時間。

　　多說一下，切片機（Slicer）若每天都研磨刀刃，意外地很快會造成刀刃的磨損。使用圓盤刀刃，刀刃減少1cm時，就無法觸及附屬的圓形磨刀石。交由零件公司研磨，有可能研磨過但卻仍切不斷，導致無法提供客人完美的吐司。沒有比切片機（Slicer）無法順利分切更令人覺得焦燥了，請隨時確保刀刃具有媲美日本刀的鋒利程度。

　　除此之外，烘焙麵包坊最常發生狀況的就是切片機（Slicer），請千萬不要大意，可以說熟練之後最危險，請大家不忘初心地一起多加注意。

　　零售麵包坊（Retail bakery）為了呈現出新鮮感，都會將麵包直接陳列在開著冷氣的店內，請大家務必在黃昏時，自己試吃看看這些麵包，口感粗糙的程度令人訝然。

　　麵包老化的主要原因是水份的散失，因此說得更嚴苛一點，就是麵包出爐的瞬間就開始老化了。請試著量秤剛出烤箱的吐司重量，之後記錄每過10分鐘、20分鐘、30分鐘、1個小時後的重量，這個變化應該也是大到令人驚訝。從以上這些記錄來看，當麵包散熱後，不會有水滴沾附到塑膠袋時，就應該儘速地完成包裝。

　　包裝的時機也是很重要的製程之一，不能完全交由打工人員，在最適當的時間進行包裝，是將美味的麵包提供給客人的最後關鍵，所以應該由店主自行判斷、指示進行。

第3部
麵包製作的基本與應用

BASIC and ADVANCED

（1）基本的麵包

（2）專業必學的品項及製作法

（3）突顯店家技術的德式麵包

Quiz
小測驗

確認您製作麵包的知識！

Q.5

想要得到極佳的斷口性
同時又具潤澤口感時，
併用日本國產麵粉就可以。

☐ ○　　☐ ×

答案　➡　P.126
解說　➡　P.11

Q.6

單人作業實在沒有時間，
若是降低溫度和濕度
是否可以拉長放入烤箱最適當時機的容許時間。

☐ ○　　☐ ×

答案　➡　P.126
解說　➡　P.31、58

1 基本的麵包

吐司 White Bread（Pullman Bread）
（直接法）

＋　　＋　　＋

　　現在是盛況空前的吐司風潮。最常見的配方相對於100%的麵粉、砂糖6%、奶粉2%、奶油5%、水70%。但以前參加名爲「美味吐司」研習會的時候，曾經有將砂糖用量分別調整爲6、8、10、12%，模擬測試哪個比例最美味。結果增加到10%都幾乎感覺不到甜味，但會覺得相對較濃郁、美味。增加砂糖至12%時，果然感覺到甜味，雖然會覺得不適合每天吃，但甜味果然可以讓人感覺美味。

　　最近蔚爲話題的，是添加了鮮奶油的「高級（生）吐司」，再加上添加了蜂蜜、湯種等各式能呈現Q彈口感的材料。雖然這只是其中的一個例子，但強打有別於大型麵包店的作法，也不失爲一個好方法。

　　話說回來，日本的吐司其實也有相當的歷史。明治10年，在西南戰爭結束之後，東京周圍的英國人變多，從當時仍爲英國殖民地的加拿大進口了麵粉，針對以橫濱爲中心，逐漸增加的英國人、美國人，麵包店開始烘焙吐司。

　　進口麵粉的增加，到了明治30年代，日本製粉、日清製粉（當時是館林製粉）等日本國內知名大廠都在此時創業，開始販售使用滾輪式製粉機製成的白色麵粉。

　　二次世界大戰後，有各式各樣的方法來烘焙麵包，但日本的麵包大都仍以零售麵包坊（Retail bakery）[1]的直接揉和法（直接法），和大型麵包企業（Wholesale bakery[2]）的70%中種法（海綿法），這2種方法烘焙，曾經以爲麵包的發展應該已經走到終點了吧。但是，之後陸續贈加的發酵種法、湯種法、冷藏法等，發展出讓麵包加倍美味、獲得日本人喜好的製作方法，至今持續蓬勃發展中。在此介紹以基本配方和基礎的直接揉和法（直接法），製作的基礎吐司。

[1]　零售麵包坊（Retail bakery）
　　指的是製作、販賣在同一店舖內完成的烘焙麵包坊。
[2]　大型麵包企業（Wholesale bakery）
　　指的雖然是批發烘焙麵包公司，但在日本也可以用來指一般社團法人麵包工業會的21間大型烘焙麵包坊。

◎ 配 方

	%
麵包用麵粉（Camellia）	100
麵包酵母（新鮮）	2
酵母活化劑（C original food）	0.03
鹽	2
砂糖	6
加糖煉乳	3
奶油	5
水	70 ～ 72

* C original food 的 C 是使用維他命 C 當作氧化
劑的意思。

◎ 製 程

攪拌	L 2分鐘 M4分鐘 H2分鐘 ↓ M3分鐘 H2 ～ 3分鐘
揉和完成溫度	26 ～ 27℃
發酵時間（27℃ 、75%）	90 分鐘　P　30 分鐘
分割重量	230g × 6（模型比容積4.0）
中間發酵	20 分鐘
整型	6個、U字型交替填裝、3斤模型
最後發酵（38℃ 、85%）	40 ～ 50 分鐘
烘焙（240→220℃）	37 分鐘

【 材 料 】

● 麵粉

　　一般使用的是麵包用麵粉（高筋麵粉），但偶而也有人會因為想要呈現斷口性良好的口感而使用中式麵條用的麵粉，蛋白質含量的選擇範圍很廣，但灰分量的選擇範圍則會受到限制。烘焙方型吐司，特徵是燒減率是較少的10%左右。這個時候，會選擇灰分量較少的麵粉。灰分含量一旦較多，說得嚴重點，就很容易像將煮熟的玄米在飯桶中放置一夜後，會產生燜蒸的味道一樣。

　　蛋白質量較多體積也較大，能烘焙出較柔軟、延緩老化的成品；但過多時，烘烤後會有令人驚異的良好斷口性，但放涼後的收縮強度也同樣讓人訝然。建議選用適當蛋白質含量的麵粉。

● 麵包酵母（Yeast）

　　幾乎所有人，都使用麵包酵母（新鮮）。偶而會有原先製作家庭麵包之後出來開設烘焙麵包坊的人，會持續使用即溶乾燥酵母，但建議還是改為使用新鮮麵包酵母較佳。因為有換算公式，所以也不是太困難（請參考 P.12），必須要有踏出第一步的勇氣。

　　麵包酵母（新鮮）溶化在常溫水中是原則，但攪拌時間10分鐘以上的麵團，即使不溶於水，直接添加幾乎也沒有麵包酵母在麵團中不均勻的狀況。各家麵包酵母公司販售著各式各樣的麵包酵母，但只想沿用過去慣用的，而不想考量使用新的麵包酵母，有可能被認為是懈怠，而且最近有令人耳目一新的改良麵包酵母。

　　小小店舖中，要使用數種麵包酵母非常困難，但最近的現場製作（Scratch）、冷藏法、冷凍法、高糖麵團都能應對的超級麵包酵母，也開始販售了。

● 鹽

我自己的店舖剛開設時，使用的是天日鹽或甘鹽，但最近改換成食用鹽了。雖然沒有特別的理由，但意識裡想要在本質上呈現出區別。

● 糖

店內使用的是上白糖。細砂糖、黑糖、糖粉也有，若沒有特別需要使用的原因，全都統一使用上白糖。

● 乳製品

吐司中最缺乏的就是必須胺基酸的離胺酸（Lysine），因此建議可以使用任何形式的乳製品。營業用時大多會使用脫脂奶粉，但購買總量若過大，店內也會使用加糖煉乳。吐司中要飄散出乳香其實非常困難，但乳製品中的煉乳最能達到效果。

● 油脂

吐司是零售麵包坊（Retail bakery）的命脈，雖然對所有的原料都應該要嚴選，但特別是油脂類，用的是哪種呢？請使用能充滿自信地向客人介紹說明的產品吧。

● 水

日本無論哪裡的自來水都很好喝，本店位於千葉縣佐倉市，過去使用的是地下水，雖然也是自豪地優良，但現在使用的水源是來自印旛沼的水。確認自己店內的自來水來源，十分重要。

【製程】

▶ 攪拌

我的吐司是以低速攪拌2分鐘，糕點麵包是低速增加至4分鐘。低速的目的是為了均勻混拌，因此吐司2分鐘就足夠了。儘可能請在此時決定加水量，因為在攪拌階段麵團的手感也會隨之改變（麵團越是整合成團，越會感覺變硬）。

決定好加水量，並保持在相同時機（攪拌時間）添加也非常重要。使用中速、高速攪拌，約是攪拌作業完成7成時，添加油脂。在加入油脂時，我也持續使用中速，若用低速不小心攪拌時間過長，反而要擔心離析（Unmixing）。決定最後完成攪拌的時機，總是困難的，若是感覺疑惑，可以將時間拉長一點，以減少對麵團的傷害。但若是攪拌裸麥麵包心存疑惑時，請將時間縮短一點。

▶ 基本發酵

作為發酵食品的麵包，這是最重點的製程。雖說如此，意外的有很多麵包店沒有基本發酵室。在安排廚房時，首先儘可能確保基本發酵室的位置，若無法預留位置時，請使用市售有斷熱機能的大型箱子。若仍無法使用這樣的商品時，請用保麗龍箱和厚塑膠袋替代使用。

在廚房內放置麵團時，請牢記越靠近天花板溫度越高，越接近地板溫度越低，因應季節變化改變放置的場所。

製作麵包的3要素是「溫度、時間、重量」。廚房、作業室的溫度以26～27℃為基準。請儘可能接近這個溫度，或是請找尋接近這個溫度的位置。

▶ 壓平排氣

我以前單身時，從一開始的週休一日終於可以隔週休週末的時候，會前往當時品川亞太飯店的福田元吉先生（Japan Professional Bakers首屆會長、大倉飯店烘焙長、Ivan Sagoyan的第二嫡傳弟子）的麾下，學習麵包製作。

各位是否都知道正確壓平排氣的方法呢？壓平排氣的最大目的，就是加工硬化和使氣泡大小均勻。福田先生的壓平排氣法，是將預備好的麵團放入塗滿油脂的大型缽盆中，靜待發酵，到了壓平排氣的時機點，在距離工作檯上約30cm高的位置，翻轉缽盆使麵團摔落至工作檯上，之後上下、左右各進行3折疊，再放回缽盆中就可以。您能瞭解嗎？這真是了不起的壓平排氣法。

麵團內混雜著各式大小不同的氣泡。氣泡的內壓與其半徑呈反比。P＝2T/R（P：是氣泡內壓、T：氣泡膜的張力、R：氣泡半徑）。也就是氣泡越大，內壓越小，從30cm高處摔落麵團，對麵團施以均一的力道，超過某個程度大小的氣泡會因而完全消滅，一次的製程就能讓麵團全體的氣泡均勻。

另一個福田先生所傳授的，就是「Tsukkomi（つっこみ）」。全部的麵團短時間攪拌後，將麵團置於工作檯，以較大的缽盆作為蓋子，覆蓋住麵團。放置約15分鐘，待麵團鬆弛後，再稍加用力地折疊麵團。您能瞭解嗎？雖然添加了麵包酵母，但與Autolyse法（自我分解法）有相同的考量。即使是較短時間的攪拌，麵團的結合程度也很好，而且也能成為具有彈力的麵團。麵團的攪拌越少，麵包就越美味，但麵筋組織結合不佳就不會膨脹，這是能同時滿足兩者的手法。

決定適合壓平排氣的時機，就是以「手指按壓測試」。在麵團正中央略撒上手粉，中指也蘸上手粉，由麵團正上方輕巧地垂直插入，再輕巧地抽出手指時，麵團原封不動地留下手指孔洞時，就是最佳壓平排氣的時間。若孔洞很快被回彈的麵團塞滿時，就表示離壓平排氣還太早，若麵團全體會一起被壓沈往下就是太晚了。

▶ 分割、滾圓

如同平時的製程，當麵團冷藏、冷凍製作時，使表面不粗糙地確實滾圓，是為了使麵團在冷藏期間能鬆弛結構。在這個階段進入冷藏、冷凍製程時，請務必要用塑膠袋覆蓋以避免麵團乾燥。

▶ 中間發酵

以吐司而言，中間發酵基本上是17～20分鐘，法國麵包則是30分鐘，時間過長或過短都不好。在這段時間讓麵團鬆弛，並為了進行下個步驟而調整滾圓的強度。

此時比較擔心的是麵團的冷卻和表面的乾燥，請記住作業場所的室溫原則是26～27℃。一般大多會使用塑膠用的搬運箱，但底部是否有鋪上麵包用帆布呢？或是墊放什麼嗎？若沒有任何鋪墊，有可能在麵團底部會沾附多餘的手粉，被整型機捲入而形成大的空洞。使用麵包用帆布，可以減少手粉產生的問題，但若稍不注意，也可能會用到長滿霉斑。

請務必使用珍珠棉（保麗龍紙捲）。國外的冷凍工場也經常使用，但日本用的還很少。有藍色、粉紅色、白色。白色大多用於農業、或作為包材使用，因此在五金百貨店都可便宜地購得。若擔心有異物混入看不清楚時，建議可以使用藍色，但因用途受到限制，必須透過專門業者才能購得。小心使用，也有相當的耐久性，價格便宜所以定期更換也不會造成太大的負擔。

進入整型的時機，是麵團鬆弛至中心沒有結塊，即是最適當的時間點。

▶ 整型

吐司大多會使用整型機，但即使用手滾圓、使用擀麵棍用手整型也沒有關係。在這個製程中，要排出多少氣體、麵團能否薄薄地延展開，由麵團內氣泡的細緻程度來決定。也曾經有過氣泡越是細緻均勻越是好麵包的時代，但最近並不只是如此。過於在意氣泡的細緻程度，反而可能會造成過度排氣，進而失去美味的香氣，不損及麵團地排出氣體非常重要。當麵團從整型機取出時，具有彈力的麵團就是最理想的狀態。

大多是用 U 字型填裝、M 字型填裝、滾圓裝填（車詰め）等，但麵團折疊處有可能會在烘焙完成後產生側面彎曲凹陷（麵包側邊向內彎折）。原因有很多，但麵團拉扯張力也是原因之一。請在整型時務必留意排除此狀況。

話雖如此，要如何才能排除張力呢？（答案：最簡單的方法是不要折疊地切分。過去的整型機是在碾壓板正中央裝置切刀，分切麵團。或是完全不分切地使表皮呈現單一片狀的方法。我會在折疊部分，插入食指延展麵團解除張力）。

側面彎曲凹陷的例子。想要讓大家看到比較嚴重的情況，所以在麵包出爐時，不施以衝擊。側面和頂部都產生了彎曲凹陷。

填裝方式有很多種，各有特色。模型比容積是 4.0 左右，大多是 U 字型填裝或 U 字型交替填裝，但若是更輕的 4.2 時，會更容易產生側面彎曲凹陷，所以大都會而改為滾圓填裝（車詰め）。大型麵包公司使用的入模機（Panning machine），幾乎都是用 M 字型填裝。

填裝作業，可以防止側面彎曲凹陷或頂部凹陷，請多多在老手技術者的身旁好好觀摩。

▶ 最後發酵（二次發酵）

很多教科書上寫：吐司、糕點麵包的最後發酵是 38℃、85%。關於吐司，請將這個溫度、濕度視為上限。我自己考量放入烤箱的時機是 27℃、75%，也就是和基本發酵條件相同。這個條件，是單人作業時，全部整型製程完成後，剛好可以放入烤箱的時間。雖然稱不上是理想的方法，但請根據各別店家的作業條作，有彈性地思考發酵溫度。當然整型作業結束後的最後發酵條件，要提升至 32℃、或 35℃，濕度 75% 以下時麵團會變得乾燥，請設定為 75% 以上。

珍珠棉（藍、白）

▶ 烘焙

基本上是以高溫短時間烘焙完成，藉由烘烤出表層外皮（表皮）薄、柔軟內側（中間）Q彈的吐司。特別是放入烤箱時，也加入大量蒸氣，儘可能一開始就在高溫下，就能烘烤出良好的麵包光澤。雖然會因配方而改變，但吐司通常添加6%左右砂糖的情況，以店內的烤箱，在240℃時放入，加進蒸氣，再將溫度調降至220℃烘烤37分鐘（3斤模型）（當然烤箱內是滿的）。

必須注意的是，烘烤製程中不能衝擊麵包模型。會這麼說是因為麵團是從外側開始烘烤，從外側開始 β-澱粉變成 α-澱粉，烘焙製程中，一旦給予衝擊，外側 α 化澱粉和內側還是 β-澱粉的交接處會繃緊，完成烘烤後，切片時這個部分就會形成白色圈狀，就稱為水紋（Water Ring）。

另外，烘焙吐司時必定會使用模型，模型的材質有必要多加注意。當然要選擇容易受熱，且容易脫模的產品。材質理所當然是鐵氟龍加工，或碳氟聚合物加工等，表面經過處理易於脫出的模型，若只簡單地買了最便宜的吐司模型，之後一定會後悔。

並且，請千萬不要忘記，在出爐時施以衝擊。

CoffeeTime ☕ 夏季，不可思議的麵包未熟成（發酵不足）

夏天變熱，開始使用冷氣後，是不是會感覺麵包未熟成，覺得想不透呢？這怎麼可能，夏天應該是過度發酵的啊，怎麼反而是發酵不足呢，是不是自己的判斷方式有誤！是否落入反覆製作的試驗中呢？在我的店裡，也會在夏天時出現麵包發酵不足的現象。

您的判斷並沒有錯。夏天一旦開始使用冷氣，麵包可能會發酵不足。在此將原因和解決方法一併說明。相信您的店內應該為了能提供顧客加倍美味的麵包，已整備好適合麵團發酵的基本發酵室。這個時期，因環境炎熱，基本發酵室也一定開著冷氣，冷氣會使發酵室溫度越來越低，當然也會奪走放置在基本發酵室內的麵團溫度。

請試著量測麵團的溫度，一般發酵1小時溫度應該會升高1℃，但請量看看整體麵團溫度是否沒有升高，反而還變得更低呢？是的，基本發酵室的冷氣過強，造成了麵團溫度的下降。夏季開冷氣時，請務必要在麵團表面覆蓋，以避免冷氣直接接觸麵團。若這樣仍然未熟成（發酵不足），請將基本發酵室的溫度設定提高1～2℃。基本發酵室的冷氣夠冷很棒，請不要因此遷怒冷氣。

CoffeeTime ☕　**請適度、有效地使用手粉**

　　一般來說，手粉的使用請儘可能少量，為了避免分割、整型的沾黏，而使用粒子大便宜的麵粉。也有部分店家或家庭在麵包製作時，會教導儘可能不使用手粉，或許是因思考方式而各有不同吧，我是積極地認為可以適量使用。我曾經測量過自己平常的用量，大約是該麵團不到1%的麵粉量。相較於此，因為不使用手粉而造成麵團沾黏、使用機器時耗損的，還更多一點。最糟的是為了不使用手粉，而將全體揉和成不會沾黏的硬麵團。「麵包的美味程度，取決於添加至麵團的水份量」。為了不使用手粉，而製作出硬麵團，就是本末倒置、捨本逐末了。

　　稍稍離題一下，家庭製作麵包時，也有人會用米粉來取代麵粉，烘烤出噴香、美味的成品。

　　我個人用於裸麥麵包的手粉，是在裸麥粉中添加3成左右的玉米粉。原因如下

①使麵團容易脫出藤製發酵籃。

②裸麥麵包由烤箱取出時會噴灑水霧，手粉中的玉米粉糊化後，會在表面呈現漂亮的光澤。

③手粉鬆散好用。

④無論如何就是便宜。

　　除此之外，英式馬芬也有使用玉米粉，鄉村麵包等為了在表面呈現出粉粒感時，也有人會使用低筋麵粉。雖然在烘焙麵包坊，我們稱之為手粉，但在麵店稱之為打粉（うちこ）、蕎麥麵店稱為華粉（はなこ）。

糕點麵包 Sweet Buns
（麵團、整型、冷藏冷凍法）

　　＋　　＋　　＋

　　糕點麵包，對日本的烘焙麵包坊而言，不論是現在或未來，相信都會是主力商品。最近雖然出現吐司風潮，但過去曾有過紅豆麵包、菠蘿麵包的熱潮，出現了許多路邊店、百貨公司專門櫃，美味的奶油麵包店更成為當地熱門聖地。

　　糕點麵包的美味，紅豆餡、奶油餡、菠蘿皮等，總之是以口味一決勝負，我個人覺得這是當然正道。但內餡、配料無論發展到什麼程度，最終還是要回歸麵團本身的差異。最近除了一直以來就有的糕點麵包的麵團配方外，使用酒種、使用布里歐、更甚者反而使用吐司麵團等，各具不同特色的糕點麵包也變多了。

　　在此介紹以過去的糕點麵團加以調整配方，製作出更潤澤、斷口性良好的麵團。請以此為基礎，再多下點工夫做出個性化的配方。糕點麵包即使只有一款，也具有足以開設專門店的實力。本來應該要介紹糕點麵包直接法的配方、製程，但今後零售麵包坊（Retail bakery）也無法齊備那麼多人手可以每天準備糕點麵團。

　　砂糖配方較多的麵團，是最適合冷藏、冷凍的麵團。在此介紹將麵團或整型後冷藏，甚至是冷凍的製作方法。

◎ 配 方

	%
麵包用麵粉（Camellia）	90
麵條用麵粉（薰風）	10
麵包酵母（新鮮、VF）	4
酵母活化劑（ユーロベイク LS）	0.4
鹽	0.8
砂糖	25
脫脂奶粉	3
乳瑪琳	15
雞蛋（實際淨量）	20
水	45～48

※ 原則上是一週份的麵團量。

◎ 製 程

攪拌	L 4分鐘 M 2分鐘 H 3分鐘
	↓ M 3分鐘 H 2分鐘
揉和完成溫度	26℃
發酵時間（27℃、75%）	60分
分割重量	35～40g
	填餡、擺放配料與麵團
	重量等量，或以上
冷藏、冷凍	20 H（冷藏時）（麵團冷凍
	狀態6天）
中間發酵	靜置至麵團溫度達17℃
	（冷凍時製作前一天
	先置於冷藏解凍）
整型	各種（使用整型機均勻排
	出氣體）
最後發酵（32℃、75%）	60～70分鐘
	（因麵團溫度、最後發酵
	條件而有不同）
烘焙（210℃）	8分鐘（用上火烘焙）

【 材 料 】

● 麵粉

　　思考製作糕點麵包的麵粉，在使用上可分成2種。一是重視口感風味，使用蛋白質含量較少的麵粉，以追求斷口性良好的口感。另一個是，添加食材變多、麵團的蛋白質含量減少，設定使用蛋白質含量較高的麵粉。前者屬於烘烤完成後立即食用的零售麵包坊（Retail bakery）居多；後者則是排放在超市等，大型麵包店的商品。

　　另一點，挑選糕點麵包時，幾乎不會有人在意內部的呈現狀態，因此沒有必要使用一級粉類，灰分成分略多的麵粉價格較低，蛋白質含量也較高。也就是說，若想要製作體積大的糕點麵包時，使用高蛋白質的麵粉，就會有滿意的體積且口感潤澤（例如日本國內小麥製成的「Kitahonami（きたほなみ）」，屬於澱粉質略低的直鏈澱粉（amylose）型，因此麵粉本身就有Q彈口感。請參考 P.56），想要製作斷口性良好的糕點麵包時，在所用的麵粉中添加1～2成的麵條用粉（比蛋糕用粉更具潤澤感）混合使用，（蛋糕用粉是以美國的 WW 為主，所以是一般直鏈澱粉，含有30%直鏈澱粉（amylose）的小麥）。

● 麵包酵母（Yeast）

　　這個麵團含有25%的砂糖，因此使用的是耐糖性麵包酵母。最近被研發出的市售麵包酵母，有可以對應從吐司麵團至高糖份麵團的優質產品，這次希望使用的是冷凍、冷藏法，所以應該要使用專用麵包酵母，但在零售麵包坊（Retail bakery），有冷凍室空間的顧慮，因而考慮以一週為期地運用麵團。

這樣的狀況下，與其使用冷凍專用麵包酵母，不如使用像VF般泛用性的麵包酵母會更划算。用於冷凍麵團的麵包酵母種類很重要，但新鮮麵包酵母的種類更重要。無論哪一家麵包酵母公司都有這樣的商品，所以請務必仔細詢問，商品的區別令人驚奇，當然現在都已經越來越進步了。

◉ 酵母活化劑

雖然也可以選擇不使用，但現在市面上有許多不同類型的商品，本書介紹僅使用酵素劑的酵母活化劑。當然烘烤後酵素的活性完全消失，所以並不需要標示在麵包上，藉著使用酵母活化劑，冷藏、冷凍、添加、完成麵團並整型再冷藏，這對零售麵包坊（Retail bakery）而言，是可行且極致、方便的製作法，而且還能改善成品容積、柔軟度、呈色等。

◉ 鹽

對於麵包製作而言，鹽是基本的重要原料，但對於砂糖配方較多的糕點麵包來說，相對於酵母滲透壓的關係，鹽的用量也無法太多。參考標準是砂糖25%時、鹽0.8%。

◉ 砂糖

一般上白糖較常使用，但想要更清爽的甜味時，可以使用細砂糖，也有人使用甜菜糖。

添加5%的砂糖，吸水率就減少1%，也就是說砂糖的配方在25%時，吸水就減少5%。加上與液體原料不同，這種吸水率的降低，只有在砂糖溶化後才會看到。換句話說，糕點麵團在攪拌時，最初因吸水率5%所以會感覺麵團較硬。開始時用低速進行4分鐘，是溶化砂糖以及與其他原料混合所需的時間。

◉ 油脂

講究的吐司，大多會使用奶油，但糕點麵包似乎較常使用乳瑪琳，或許是因為砂糖強烈的甜味，無法讓奶油散發出最高的香氣吧。但話雖如此，乳瑪琳的價格也五花八門，從價格與奶油相近的，到價格比酥油更便宜的都有，請視自身的考量和店內政策來決定吧。

提到糕點麵包，就想到常會使用到的酒種，使用酒種會呈現出潤澤口感，即使油脂配方只有10%，也能呈現出潤澤感，但若不使用酒種，且油脂含量未達10%以上，會做出粗糙不均勻的麵包。

◉ 雞蛋

因為會造成過敏，有很多麵包配方是不使用雞蛋的，但考量糕點麵包中的烤色、體積，通常會使用。

希望大家留意的是，雞蛋中含76.1%的水份，配方用量若在5%或以下，無法太過期待雞蛋在麵團內的效果。一般配方中所寫的數字，指的是實際淨量。我個人也會考量作業製程，使用冷凍加糖蛋黃。

◉ 乳製品

相較於過去，糕點麵包的配方，高成分（RICH）的比例越來越高，與其說是強化營養，毋寧說是為了加倍美味而添加的。

【製 程】

▶ 攪拌

很多人會落入這個很大的陷阱中。糕點麵包的配方，以砂糖為首的副材料很多，所以開始攪拌的時間點上，若沒有先瞭解麵團很難結合、砂糖不易溶化，很容易不小心就加入了過多的水份。此外，副材料較多，所以麵筋組織也很難連結，常會看似平滑就誤以為已經結合了，請不要被外觀欺騙，確實進行攪拌。

因考慮到副材料的溶化時間，所以我用於吐司時是低速2分鐘、糕點麵包低速4分鐘，並會因副材料的用量而改變低速的時間。材料混合後略硬的麵團確實混拌後，就會變成滑順的麵團，請多加留意。

▶ 揉和完成的溫度

因砂糖配方較多，在滲透壓的影響之下，麵包酵母的活性會受到阻礙，麵包酵母的配比越多時，會將揉和完成的溫度設定得略高。

▶ 基本發酵

大型烘焙業者的糕點麵包，幾乎都是用日本研發的「70%加糖中種法」來製作，零售麵包坊（Retail bakery）則是利用冷藏室、冷凍發酵櫃的麵團冷凍法、整型冷凍法為主要的製作方法。以前的直接法，從攪拌到完成烘烤，除了需要花長時間之外，每天要分幾次烘焙以提供給顧客，實在無法應對。但使用了冷凍、冷藏法之後，現在一週進行一次揉和製程，就能配合顧客來店的時間，提供剛烘焙出爐的細緻糕點麵包。再加上藉由冷藏發酵的方法，讓長時間低溫發酵得以實踐，做出加倍美味、也能延緩老化的糕點麵包。

冷藏、冷凍法的原則，是麵團內均勻細緻，又具冷藏、冷凍耐性，因此也無需壓平排氣。

▶ 分割、滾圓

糕點麵團，分割重量約30～50g的大小，但若是太過大量時，分割時間會拉長。製作量要控制在20分鐘之內可以完成分割，或是準備分割滾圓機。沒有設備時，基本發酵完成後，將準備好的一半麵團，避免乾燥地包覆好放入冷藏室，請進行抑制發酵的應對之策。

▶ 冷藏、冷凍

我會將糕點麵包等，幾乎一週份量的麵團統一準備，只將翌日使用的麵團或整型後的冷藏麵團放入冷藏發酵櫃，其餘5天份的麵團進行冷凍保存。分割時間過長時，可以巧妙地利用冷藏室，以求盡量抑制分割滾圓後的發酵。整型後冷藏的麵團在冷藏發酵櫃的濕度管理就是重點了，請注意避免過度乾燥，也要避免過度潮濕地多加留意。

意外地冷藏發酵櫃內麵團量也很重要，若是放置數量太疏鬆，表面會變乾燥，最理想的狀態是放滿。另外，像紅豆泥（餡）這樣水活性※較低的內餡，很適合整型後冷藏，但卡士達奶油餡等水份多的內餡（水活性高的），就要特別注意了。

此外，整型方法也必須注意。例如填餡上方的麵團較薄，填餡的水份浮至麵團表面，就必定會出現Fisheye（魚眼珠般的小疙瘩）。整型後冷藏時，連同麵團配方、整型方法、填餡的水份（水活性）都是需要注意的地方，因此請先測試確認。

我是先將麵團整型，紅豆麵包、菠蘿麵包、奶油卷等麵團整型後冷藏。上方麵團容易變薄的奶

產生 Fisheye 的表層

油餡麵包，則是以麵團冷藏，翌日才整型。

※ 水活性

食品中的自由水（微生物可利用的水份，微生物無法利用的水份稱為結合水）比例是 0～1 的數值。水活性越低，自由水越少（微生物不易繁殖）接近 0，越高接近 1，自由水越多（微生物容易繁殖）。

▶ 中間發酵

一般的直接法是以 15 分鐘為基準，但這個製作方法，是以麵團由冷藏取出至回復 17℃為止的時間，作為中間發酵。在 15℃以下，即使進入整型的製程，也不會產生加工硬化，成為彈力很差的麵包，一旦超過 20℃時，會因沾黏而難以整型。

▶ 整型

無論如何，請仔細並迅速地進行。慢吞吞地整型永遠無法成長進步，在此有意識地迅速但仔細地進行非常重要，因此請觀察前輩們的動作並學習。過去糕點麵包被說是上方麵團 7、下方麵團 3，上方的麵團較多時，就能烘烤成體積膨脹的紅豆麵包。將此比例倒反，就變成不會膨脹的薄皮紅豆麵包。

奶油餡麵包的整型，使用整型機時，整出的麵團會有頭尾。尾端氣體排出變薄，容易受損（整型機出來的麵團後端）。因此在尾端擺放卡士達奶油餡，將頭部作為上方麵團，如此就能烘焙出漂亮膨脹起來的奶油餡麵包。

菠蘿麵包的整型在還沒習慣前，比較花時間，但熟能生巧。我會預先用圓形切模按壓出片狀的菠蘿皮，再放入冷藏備用，只要擺放在滾圓的麵團上方即可。這樣的話，即使是昨天剛報到的打工新人，都能做出菠蘿麵包了。

中央有圓點的紅豆麵包，要如何不會變成凸點麵包的方法，已經在 P.28 說明了。

麵團在烤盤上的排列方法，意外的容易被忽略。在烤盤上維持等距，確保空間是理所當然的事，但在烤箱中能均勻排放才更重要。

▶ 最後發酵

最後發酵是以 38℃、85% 為上限，溫度在 38℃以下也沒關係，但需要較長的時間。但低溫時放入烤箱的最適當時機區間，容許範圍較長，所以單人作業覺得時間不夠用時，建議可以設成略低的溫度。濕度則建議以不乾燥的 75% 為基準。

初學者最感到困難的，應該是放入烤箱的最佳時機。判斷時機的方法很多，首先請找到一個讓自己熟練的方法，也不需要太擔心，持續看著麵團自然可以學會。依整型方法不同，最後發酵的時間也會隨之改變。越是簡單的整型，最後發酵會越快完成，因此同時整型時，奶油餡麵包會是最早完成最後發酵的種類。

放入烤箱的順序，也必須多加注意。整型麵團冷藏的情況下，最後發酵會略大一點，烤箱溫度

略低，就能避免產生 Fisheye（魚眼珠般的小疙瘩）等表層外皮的缺陷。

▶ 烘焙

　　麵包原則上是以高溫短時間烘烤，但用這樣的製作方法時，略低的溫度會比安全。烘焙糕點麵包以上火爲主，特別使用酒種時，藉由較低的下火溫度，可以強調出酒種的風味。店內只有法國麵包專用的石板烤箱，因此糕點麵包烘烤時，最下方墊放冷藏室用的網架，再因應需求擺放2片層疊的烤盤，或是擺放在翻面的烤盤上（烤盤反面）烘焙。

　　並且，請千萬不要忘記，在出爐時施以衝擊。只有吐司、可頌、奶油卷這樣的麵包，不會有衝擊過強的狀況，填入了紅豆或奶油餡的糕點麵包，若過度強力的施以衝擊，可能會造成餡料底部的麵包體被壓扁，施以衝擊前請先思考需求的強度。

▶ 冷卻、包裝

　　完成烘烤的麵包，儘可能快速地從烤盤上移至平坦的地方，持續放在烤盤上會在底部產生結露，成爲發霉的原因，而且麵包表面的外層表皮收縮（彎曲凹陷的一種），也會造成表面的皺摺。

　　此外，麵包通常會直接裸放在店內的麵包架上，但在冷氣房的店內直接陳列，會使水份揮發而變得乾硬粗糙，呈現老化狀態，被嫌棄是舊麵包，建議可以在適當的時間點進行包裝。

Coffee Time ☕　　**冷藏、冷凍時，要注意避免麵團乾燥**

　　在麵團冷藏或麵團冷凍時，使用冷藏盤（或一般的烤盤）時，會用大約烤盤2倍大的藍色塑膠墊鋪放在烤盤上，上面再擺放與烤盤同樣大小的珍珠棉（藍色、粉紅，若沒有就用白色，請參照P.43），再擺放麵團，不覆蓋地放入 -20℃的冷凍庫內。在麵團表面冷卻後，從冷凍庫取出，用最初鋪放的另一半藍色塑膠墊覆蓋。

　　覆蓋藍色塑膠墊，可以避免麵團受到冷藏室或冷凍室的冷風吹拂，除了對折邊之外，塑膠墊的另外3側都擺上鋁製壓條，翌日使用的部分放入冷藏室，後天或之後使用的，則移至冷凍室。

CoffeeTime ☕ **推薦的冷藏法**

　　每天樂在工作，又能製作出美味麵包的魔幻製作法，就是冷藏法。烘焙麵包坊是很辛勞的工作，但開心的事也很多。如果，現在的工作，可以從「時間」的制約中解脫 ...，在身體及精神上會多麼輕鬆啊？

　　能實現這樣期待的，就是冷藏法。冷藏法可以將麵包製作的所有製程都囊括入內，也就是可以將時間暫停，而且麵包還會更加美味。

① 冷藏法使用較多的麵包酵母

　　在零售麵包坊（Retail bakery），現在是否仍用現場製作（Scratch）的方法烘烤糕點麵包、調理麵包的呢？以生產性、麵包的美味程度、必要時只迅速地烘焙所需要數量…等，以各項優點來看，似乎並沒有更勝於麵團冷藏冷凍法的製作方法了。但若要提到缺點，就是冷凍室、冷藏庫的設備投資及空間，再以所要花費的時間來考量，完全毋需多說，明顯可以瞭解優點遠大於缺點，推薦大家務必採用這樣的方法。

　　比較希望大家多留意的是，從冷藏室取出2小時以內，要排上麵包架（在此需要花3～4小時就會失去時機，若1小時就能出爐最好），因此若回復溫度、最後發酵需要的時間太長，就沒意義了。為了能縮短最後發酵的時間，麵包酵母的用量約是4%，略多的程度。

② 避免凌晨上班採用整型後麵團冷藏冷凍法！

　　若採用這個製作方法，麵團藉由使用冷藏發酵櫃，從冷凍到冷藏、取代最後發酵、加熱烤箱後，只要10分鐘左右就能完成烘焙（實際上保險起見，在完成烘烤前30分鐘上班就行）。

③ 麵團冷藏法和整型後麵團冷藏法的最大不同

　　兩者有很大的不同。

　　乍看之下，感覺麵團冷藏法和整型後麵團冷藏法只是多進展了一道製程而已，但實際上卻有很大的不同。麵團冷藏法是低溫長時間發酵後，進行整型這個硬化加工的製程，藉由這樣的製程，使麵筋組織再次強勁連結，比現場製作（Scratch）更強化麵筋組織。另一方面，整型後麵團冷藏法，並不存在低溫長時間發酵後的加工硬化製程，麵筋組織也會越來越鬆弛。

　　也就是，運用麵團冷藏法時，使麵粉的蛋白質略少，採用整型後麵團冷藏法時，則需要略多蛋白質的麵粉。無論選擇哪一種方法製作，加水量都可以與現場製作（Scratch）等量，但只有攪拌，需要設定成較長時間，必定要是略微過度攪拌（Over mixing）的狀態（高速2分鐘），藉此預先補回冷藏時麵筋組織的鬆弛。

餐包 Table Rolls
（麵團、整型、冷藏冷凍法）

＋　　＋　　＋

　　奶油卷之中最具代表性的就是餐包（Table rolls），若問到標準配方，卻會充滿疑惑。50年前，在我進入業界之時，颳起奶油卷風潮，銷售量飛躍式的成長，因此用同一個配方，不僅吐司能製作、糕點麵包也能製作的狀態，心裡曾想⋯麵包的配方是不是只有奶油卷一種而已。但現在回過頭來看，正因爲如此，所有的麵包都是相同的味道，結果是麵包市場的大餅也因而變小了。

　　吐司、餐包、糕點麵包、甜麵包卷，應該都要能堅守各別的基本配方，重視各別的麵包風味、口感，才能在麵包櫃上呈現各自的風貌，相信這樣可以讓客人吃不膩地提升入店消費的頻率。再加上麵包是食品，現在更是需要迎戰其他食品的時代，雖然沒必要追求過多的商品數量，但德國麵包、法國麵包、披薩代表的義大利麵包、印度烤餅、巧巴達、糕點麵包、吐司、布里歐、可頌等，範圍廣泛的個性化商品陣容應該都是必須的。在消費者多樣化的喜好之中，若店內的麵包風味、口感變化的深度和廣度十足，就能吸引固定的基本客群。

　　最近已經不太聽到這樣的說法，但過去曾經有將餐包的標準配方稱爲「6-6艦隊」（6-6是砂糖和油脂的％）、「8-8艦隊」、「10-10艦隊」的用詞，配合材料，選擇甜味和斷口性良好的口感時常用的標準數值。

　　在此，是以基本配方並選用冷藏冷凍法，理由幾乎與糕點麵包相同，因爲相信這是更美味、合理的麵包製作法。

　　若本書的配方已經無法滿足您的想望時，請務必在此製作方法上搭配其他的發酵種，像是發酵麵團（Pâte fermentée）、發酵種（Levain）、葡萄乾發酵種等，請試著挑戰與衆不同且更美味的麵包。

◎ 配 方

	%
麵包用麵粉（Camellia）	90
麵條用麵粉（薰風）	10
麵包酵母（新鮮、VF）	3.5
酵母活化劑（ユーロベイク LS）	0.4
鹽	1.7
砂糖	13
脫脂奶粉	3
乳瑪琳	15
雞蛋（實際淨量）	15
水	45 ～ 48

◎ 製 程

攪拌	L 3 分鐘 M5 分鐘 H2 分鐘 ↓ M 3 分鐘 H 2 分鐘
揉和完成溫度	26℃
發酵時間（27℃、75%）	60 分
分割重量	30 ～ 40g
冷藏、冷凍	20 H（冷藏時） （麵團冷凍狀態 6 天）
中間發酵	靜置至麵團溫度達 17℃ （冷凍時製作前一天 先置於冷藏解凍）
整型	各種（使用整型機均勻 排出氣體）
最後發酵（32℃、75%）	60 ～ 70 分鐘（因麵團溫 度、最後發酵條件而有 不同）
烘焙（230℃／190℃）	9 分鐘

【原材料】

● 麵粉

餐包，是用餐時較常食用的麵包，也會被用在三明治上，因此口感上也想要追求良好的斷口性。這個時候會在麵包用粉類中添加 1 ～ 2 成的麵條用粉類，藉由降低麵粉中蛋白質含量，在追求麵包口感的同時，也能增加潤澤感。

為什麼選用的不是蛋白質含量少的蛋糕類用粉，而是麵條用粉類？原因在於麵條用粉類大多是以日本國產小麥為原料，日本國產小麥的優點之一就是澱粉成分中的直鏈澱粉（amylose）含量較低，相較於一般約 30% 左右的直鏈澱粉，反而 Q 彈感的支鏈澱粉（amylopectin）的比例較高，如此就能賦予麵包潤澤感（直鏈澱粉含量為 0% 時，就稱為糯麥）。例如，近年來資料顯示「平成 31 年（令和元年）生產的日本國產小麥檢查結果」，總檢查數量 107.1 噸中，80 萬噸（全體檢查總量的 74.9%）是直鏈澱粉略低（支鏈澱粉較多）的品種。特別是日本主要小麥「Kitahonami（きたほなみ）」（55.9 萬噸、全體檢查總量的 52.1%、直鏈澱粉含量為 26 ～ 27%），非常適合作為麵條用粉，是直鏈澱粉含量略低的品種（製麵時直鏈澱粉略低較佳）。相對於此，蛋糕用粉是美國產的 WW（Western White）為主要原料，

穀物直鏈澱粉含量

米 & 小麥	直鏈澱粉含量（%）
秈稻（indica）	25 ～ 30
粳稻（japonica）	18 ～ 20
一般直鏈澱粉小麥 （農林 61 號、Yumeshihou、Satonosora、Yumekaori）	28 ～ 29
略低直鏈澱粉小麥 （Chihoku、Hokushin、Kitahonami、Hruyutaka、春よ恋）	26 ～ 27
低直鏈澱粉小麥（Chikugoizumi、Ayahikari）	23 ～ 24
糯麥（Mochi、Uraramohi）	0

這款小麥的澱粉組成為一般的直鏈澱粉含量（直鏈澱粉30%、支鏈澱粉70%）。

● 麵包酵母

麵包酵母（新鮮）是使用 VF（泛用性麵包酵母、高耐糖性及耐冷凍性）。很多零售麵包坊（Retail bakery）使用麵團或麵團整型後冷藏、冷凍法製作時，大部分都會、也必須使用。冷藏、低溫長時間發酵的麵團，很容易製作出更美味的麵包，對製作者而言也是更簡單容易的製作方法。在此建議使用具耐糖性，且冷藏、冷凍耐性佳的萬用型。用量上，除了使用冷藏發酵櫃之外，為了盡可能縮短最後發酵的時間，所以請多一點用量。

● 酵母活化劑

有各式各樣的選擇，也有很多零售麵包坊（Retail bakery），評估消費者的喜好而不使用。雖然可以自行決定，但若完全沒有任何考量，單純無理由的排斥，我就無法贊同了。此次僅介紹單純酵素劑的產品，我自己也是最近才剛替換使用，使用安全的原料，將更高品質的麵包呈獻給客人，這是思考過的最佳方法。

● 鹽

無論使用哪一種都不會影響到品質，請考慮成本、宣傳效果等再行決定。

● 砂糖

這個也和鹽同樣的準則，細砂糖、上白糖、三溫糖等味道的差異，在麵包裡很難分辨。若是黑砂糖，當然會有相當不同的味道，總之就是要自己試作試吃，請選擇自己能接受的。

● 乳製品

雖然我個人很多產品會使用加糖煉乳，但其實沒有明確的理由，只是感覺好像可以有更強的牛奶風味。在牧場喝的牛奶風味，確實無可取代，但想要將那樣的滋味呈現在麵包中卻相當困難。想要將牛奶醬的味道呈現在麵包上，（最簡便省事的方法就是直接塗抹吧！）

● 油脂

從奶油至乳瑪琳、想要呈現酥脆口感的酥油、豬脂等，選擇各式各樣。若是以奶油卷之名作為賣點時，就請使用奶油。

● 雞蛋

配方一覽表上標示的是新鮮雞蛋，但我的配方，除了布里歐、黃金麵包之外，雞蛋大都使用冷凍加糖蛋黃。麵包製作時，蛋白不是那麼的必要，過度使用反而會產生缺點。若是追求製作出終極麵包為目標，那麼新鮮雞蛋實屬必要。但對於那些追求中等程度以上目標的人而言，很難割捨使用加工雞蛋的簡便性。新鮮雞蛋以外，其他全都稱為加工蛋。

● 水

沒有特別的堅持。只要是自來水，幾乎不會影響到麵包製作。

【製程】

▶ 攪拌

餐包，建議使用冷藏法或是冷凍法來進行麵包製作。若現場製作（Scratch）的攪拌是100，那麼冷藏、冷凍製法的攪拌則是120。總之，請嘗試著多攪拌一下。

▶ 基本發酵

考慮冷藏、冷凍時，一般是極力縮短發酵時間，但零售麵包坊（Retail bakery）用一週為週期來使用麵團，建議採用通常的發酵時間和發酵管理。一週期間，-20℃的緩慢冷凍下，依照一般的發酵時間並不會有問題，沒有必要縮短也沒必要延長。不如說，一週左右的冷凍期間，緩慢冷凍（-20℃）會比急速冷凍，更能烘烤出優良的成品，而且還能縮短最後發酵時間。

一旦要冷凍二週以上時，相較於放置在 -20℃的緩慢冷凍，-40℃的急速冷凍更能安定品質。只是這個時候並非在 -40℃的狀態下完全凍結，在麵團外側凍結至8成時，再移至 -20℃的急速冷凍庫中。若是一直存放在 -40℃的急速冷凍庫內，則會造成品質急遽下滑。

▶ 壓平排氣

採用冷藏冷凍製法時，原則上不進行壓平排氣，一旦壓平排氣，怎麼樣氣泡都不會均勻。冷藏冷凍時，均勻的氣泡能呈現出表層外皮的良好狀態，因此我個人不會進行壓平排氣。另外，餐包的整型，有非常多的變化，整型複雜時，也一定不進行壓平排氣。

▶ 分割、滾圓

就如同一般地進行，但麵團冷藏冷凍製作法，是在不造成麵團表皮粗糙的程度下，確實完成滾圓。因為在冷藏期間麵團已鬆弛。這個階段下放入冷藏、冷凍製程要避免乾燥，請務必要覆蓋塑膠墊。

▶ 中間發酵

無論什麼樣的製作方法，都有其共通性，就是避免麵團乾燥。等待麵團溫度回升至17℃，就進入整型的製程。

▶ 整型

常見到漂亮複雜的整型，但整型製程中，手續越多、越是複雜的形狀，拉力越大，香氣也越加消散。想要製作美味的餐包時，儘可能簡單的整型，不需排氣地進行就是最佳狀態。

▶ 最後發酵

最後發酵不足的麵包口感不佳，放入口中會感覺像丸子般（不要說是潤澤的口感，簡直就像在口中放入塊狀物），請確實進行最後發酵。通常是38℃、85%，但若越是高溫放入烤箱的最適當時機區間也會變短（變得困難）。

單人作業覺得時間不夠用時，建議可以設成略低的溫度、濕度，如此放入烤箱的最適當時機區間也會變長。雖然沒有溫度下限（話雖如此，但請在15℃以上），濕度請以不乾燥的75%為參考標準。

▶ 烘焙

為了烘焙出日本人喜好的潤澤口感，不僅限於小型麵包，大型麵包也以高溫短時間烘焙為原則。烘焙小型麵包時，下火過度會使麵包乾燥，因此以上火烘烤。

▶ 冷卻、包裝

我的餐包配方是麵粉50%和全麥粉50%。外觀的體積與柔軟度幾乎沒有差別，但若是沒有包裝，直接放在麵包架上會乾燥得特別快，所以這款餐包相較於只用麵粉的配方，需要更早包裝起來，請多留意！

法國麵包 French Bread
（3小時直接法）

　　　　　　　　＋　　＋　　＋

　　你的目標是否為提升麵包製作技術，「烘焙出無論是誰，都會盛讚美味的法國麵包」呢？

　　製作麵包，配方越是簡單，溫度、時間、技術上的影響就越大，在前方的道路上一點一滴地向前邁進。一旦熟練了，就能憑藉自己的五感抓到感覺，進行可行的適度修正，但在開始製作之初，不應該期待自己一下子就具備這樣的技能。首先，正確管理製作麵包的3大原則：「溫度、時間、重量」，用自己身體的五感來記憶各個製程中的麵團狀態。

　　話雖如此，身體要能夠記憶麵團的狀態，花2～3年都還是相當困難。請將最初的感覺訴諸言語，說出來的感覺，才更容易在記憶中存留，也才能更充分地正視麵團。

　　運動選手的訓練中，有個方法叫做運動心像（Image training），最初即使沒有接觸麵團，也能讓麵團狀態在想像中重現。攪拌中麵團的形狀、光澤、聲音、完成攪拌時麵團的延展、壓平排氣的抵抗和彈力、分割時的沾黏及彈力、整型時的彈力、延展、氣體保持力，放入烤箱的彈力、割紋的劃切程度、放入蒸氣時麵團表面的光澤、割紋延展的時間點、出爐時表層外皮的爆裂聲、敲叩底部時的乾燥聲響…。總之，將各個製程對麵團的感覺訴諸言語，無論是什麼地方、什麼時候，都能即刻重返當時的印象。

　　初學時，或許不太有機會進行法國麵團的揉和、整型、劃切割紋、烘焙等等，但這個時候請看著前輩製作的麵團，加入自己對麵團的感覺。下次被委以重任時，希望能烘焙出令人驚異的美味法國麵包。

◎ 配 方

	%
法國麵包用麵粉（Lys D'or）	100
即溶乾燥酵母（紅）	0.4
麥芽糖漿（euromalt 麥芽精、2倍稀釋）	0.6
鹽	2
水	70～72

◎ 製 程

攪拌	L 5分鐘 M 5分鐘
揉和完成溫度	23～24℃
發酵時間（27℃、75%）	90分鐘　P　90分鐘
分割重量	350g、150g、60g
中間發酵	30分鐘
整型	各種
	長棍（Baguette）350g、
	橄欖形（Coupé）150g
	雙胞胎（Fendu）60g
	蘑菇（Champignon）
	10g、60g
	煙盒（Tabatière）60g
最後發酵（32℃、75%）	60～70分鐘
烘焙（230→220℃）	30分鐘（Baguette）
	20分鐘（小型）

【 材 料 】

● 麵粉

麵粉筋度越強（蛋白質含量較多）吸水性也強。吸水多則體積會變大，但隨著時間的流逝，回復（表層外皮的酥脆感消失，變軟）也會很快，食用時疲軟。此外，麵包體積一旦變大，相對於麵包的美味、濃郁感也會變淡。

因為有這樣的狀況，所以大多使用於法國麵包的麵粉，是蛋白質含量沒那麼高，但能增添美味的灰分含量略多的法國麵包專用粉。

麵包的味道不僅是蛋白質含量和灰分含量，也有很多源自於麵粉原料的小麥品種。以前法國的小麥品種「Camp Remy」、「Soissons」最為優質，但近年幾乎沒有收成。昭和29年，法國的 Raymond Calvel 先生初抵日本時，說了「日本國內的小麥（國產小麥）最適合製作法國麵包，為什麼還要特地從加拿大進口小麥來製作吐司呢？」這段話很多人都聽過。最近日本國內產的小麥，也較當年更適合製作麵包，若有機會，請大家使用日本國產小麥，試著做出屬於自己口味的法國麵包，設計出適合日本人口感和風味的麵包。

● 麵包酵母（Yeast）

日本的烘焙麵包坊，一般會使用具耐糖性的麵包酵母（新鮮），用於砂糖配方較多的麵團。法國麵包的配方中，只添加鹽，因此使用的是無糖麵團用的麵包酵母（新鮮）。很可惜的是日本的無糖麵團用麵包酵母（新鮮），除了製作麵包粉會使用外，並沒有販售，因此用於法國麵包的麵包酵母，大多仍使用低糖麵團用的即溶乾燥酵母（紅）。

● 麥芽精

麵粉中也有發酵性的糖（麥芽糖 maltose、糊精 dextrin 等低分子碳水化合物），但因含量少，所以像法國麵包般的無糖麵團，會分解麵粉中損傷的澱粉形成糊精（dextrin），所以必須添加富含 α-澱粉酶的麥芽精（β-澱粉酶較常存在於麵粉中）。一般添加 0.2～0.3%，但為了呈現麵包的甜味、烘烤後的特徵，獨創出屬於自己比例的技術者也大有人在。

一般使用的是膏狀的麥芽精，黏度強不容易使用，因此大多會事前將其稀釋成 2 倍再使用。一旦稀釋就容易發酵，對本來的酵素活動形成阻礙，因此請避免一次大量稀釋，建議可以每次稀釋 3～7 天左右的量。另外，因為販售的廠商、品牌不同，酵素的活性也各不相同，顯示澱粉酶酵素活性力的數值 0、20、60 等等，也請務必確認自己使用的麥芽精酵素活性屬於哪一種。也有粉末狀的商品，也有酵素活性力近 1000 倍的，但大多都會稀釋後出售，務請確認適度的添加量。

● 鹽

市面上銷售著各式不同種類的鹽，因店家向客人的推薦、老闆自己的堅持等，總之各種鹽都有

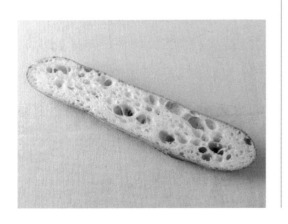

人使用。希望大家注意的是鹽當中所含氯化鈉的量，從 99.99% 到 80.85% 等，在注意其風味的同時，也必須注意鹹味。氯化鈉含量較低的，當然鹹味也會更加柔和。

● 水

以法國為首，歐洲各地區的水，大多硬度都高達 300 左右，也有人是以法國的湧水 Contrex（硬度 1000 以上），和東京都的自來水調和成 300 來使用。特別是沒有添加維生素 C，使用高灰分含量的麵粉時，更能見其效果。但以一般配方製作時，用普通的自來水就足夠了。

【 製 程 】

▶ 攪拌

較吐司略硬的麵團，以低速為主地攪拌，約至吐司的 7 成左右（在進入完成的前 2 分鐘左右）即可停止。麵筋組織過度延展時，會使麵包體積過大，重量變輕、彈力過強、收縮也更明顯。

攪拌時，缽盆內的麵團形狀，以勾狀攪拌槳（hook）轉動成不規則的團狀，麵團若是略硬，可增添少許的水份。待麵團呈光滑、具光澤前停止，最近更出現減少攪拌的製作法。當然麵團的結合變差，割紋的外觀也不平整、體積變小，但因為極度地抑制氧化，體積得以控制，因此美味、濃郁，香氣也更強。

▶ 揉和完成溫度

雖然也會因發酵時間而有所不同，但目標是發酵 3 小時 23.5℃。揉和完成溫度增加 1℃，原則上全部發酵時間就要 ±20 分鐘，但在尚未習慣

前，與其學習調整方法，不如學習如何正確地完成麵團揉和完成溫度，也就是應該要熟知配方用水的溫度調整法。

配方用水的溫度，一般使用的是由室溫、粉類溫度、因攪拌而升高的溫度，所計算出來的方法。也就是配方用水溫度＝3（希望揉和完成的溫度－因攪拌而上升的溫度）－（室溫＋粉類溫度），詳細說明請參考 P.65。

▶ 基本發酵

正統的方法是發酵3小時（90分鐘發酵、壓平排氣、再發酵90分鐘），但最近在作業便利上，從60分鐘到24小時、48小時，各式各樣的方法都有。較3小時更短的發酵，是考量麵包酵母用量、揉和溫度、活用發酵麵團（Pâte fermentée）等，時間較長時，則必須調整麵包酵母用量、發酵室溫度（使用冷藏室）等。

▶ 分割、滾圓

法國麵包有各種重量、長度、整型方法，即使是相同麵團，也能做出令人驚異的不同風味。這是因為柔軟內側和表層外皮的比例、烘焙時間、燒減率、老化的不同而來，必須想像客人食用的場合而決定。雖然是基本的事，但這個時候儘可能不要對麵團施以壓力，才能製作出更美味的麵包。

在此的滾圓方法，像巴塔麵包（Bâtard）、長棍（Baguette）等整型成長型的麵包，在此階段只要滾圓成較長的形狀就可以。長棍的加工硬化過強、過度時，烘焙出來的麵包會彎曲翹起，因此滾圓成略長就可以。但巴塔麵包若滾圓成略長時，加工硬化變弱，割紋的成效也會變差，因此請在這個階段滾圓成圓形。圓形麵團整型成略

蘑菇麵包的整型。10g的麵團薄薄地擀壓延展成圓形，確實蘸上手粉（此時，使用裸麥粉的麵團較不易沾黏），擺放在60g滾圓的麵團上，用手指從中央處向下按壓。

雙胞胎麵包的整型。滾圓的麵團中央處，以細擀麵棍用略寬的幅度擀壓平。

無論是蘑菇或雙胞胎麵包，都是以翻面的狀態進行最後發酵。

長形狀時，麵團的張力變強，也能劃出漂亮的割紋。

▶ 中間發酵

製作法國麵包時，中間發酵30分鐘是基本。反過來說，為了在30分鐘後能恰到好處地進行整型作業，在分割後的滾圓時，強度就變得十分重要。

▶ 整型

儘可能避免施壓麵團，儘量減少工序、不壓平排氣，並且使麵團確實收縮緊實。文字書寫很簡單，但這個製程是最困難的。其他製程也有困難之處，但大體上只要遵守時間和溫度，就不會有

問題。只有整型，手的動作、感覺就是全部，只能靠經驗和個人天分了。快速學會的要訣，就是仔細觀察前輩們的手法偷師，然後是不懼失敗地重覆練習。

▶ 最後發酵

不佳的整型，麵團不會緊實，最後發酵的時間也會變短，烘焙出來就會是中間緊實且不美味的麵包。不用壓平排氣，確實緊縮的麵團經過充分的最後發酵，可以製作出中間氣泡粗大、光澤、美味又容易入口的麵包（最後發酵時間變短，是因為麵筋組織彈力變差，利用產生少量的氣體形成體積）。

▶ 烘焙

隨著時代的變化，原本認為理想的燒減率也隨之改變，最近理想的燒減率是22%。法國麵包完成烘烤時的香脆，被形容成「天使的耳語」、「天使的歌聲」，聽起來像是無法言喻的輕聲呢喃。剛完成烘烤的麵包，敲叩底部時會有輕響，割紋前端略有焦色的程度，就是優良的烘焙。

剛完成烘烤的麵包雖然也可以直接立在麵包籃中，但您知道麵包也有頭尾嗎？開始劃切割紋的方向是頭，當然以此為上地直立。

▶ 包裝

法國麵包是不包裝的。光裸地陳列，光裸著售出。也有人說法國麵包的壽命是4小時，在法國當地，可以在這個壽命時間內食用，因此光裸著應該沒有問題吧。但在日本大多會在第2天才食用，結果就是放入紙袋出售，很多時候可能4小時之內無法食用完畢，還會加上保存用的塑膠袋。

在此有個希望大家記住的資訊，在我還在日清製粉總公司的基礎研究所任職時，曾經進行的新手研究中，有關於麵包風味種類和總量的研究。根據那份研究資料，即使是完成烘烤後數日，風味種類和總量也幾乎沒有變化。更嚴格來說，變化的只有水份含量而已。

對這個結果深具信心地，我將家裡烘烤完成4～5天乾硬的法國麵包，直接放在水龍頭下迅速澆淋水份，分切成小烤箱能放入的大小，再將鋁箔紙切成與麵包相同的長度，寬度切成短片狀，為了避免烤焦地上下墊放再加熱。結果，多餘的水份從旁邊沒有覆蓋鋁箔紙的部分揮發，表層外皮酥脆、柔軟內側Q軟，就像是剛出爐般，重現美味的法國麵包，每天早晨都吃得到。不相信的人，請務必一試，應該會感動於其中的美味。當然風味會略少一些，但失去的微量風味對整體而言，實在算不上是問題。

Coffee Time ☕ 配方用水的溫度計算

● 如何確定配方用水的溫度計算法

① 單純地考量，水（Tw）和麵粉（Tf）的溫度相加，除以2就是麵團的溫度（Td）。

$$Td = (Tw + Tf) ／ 2 \qquad ①$$

② 但作業室內溫度（Tr）也會影響，因此 Tw + Tf + Tr 除以3就是麵團溫度。

$$Td = (Tw + Tf + Tr) ／ 3 \qquad ②$$

③ 實際上是用攪拌機揉和，因此必須加上摩擦熱（Tm）。

$$Td = (Tw + Tf + Tr) ／ 3 + Tm \qquad ③$$

④ 將這個算式重新整理後，就變成了

$$Tw = 3(Td - Tm) - (Tf + Tr) \qquad ④$$

配方用水溫度＝3（希望的麵團揉和完成溫度－使用攪拌機的上升溫度）－（麵粉溫度＋作業室溫度） …… ④

● 碎冰的使用方法

⑤ 夏季時，實際用這個公式去計算水溫，常常會出現負數的溫度。這個時候利用碎冰，就能得到想要麵團溫度，在此介紹用碎冰量（Wi）的計算公式，可以有效利用碎冰的融解熱80Cal。

以配方用水量（Gw）、自來水溫度（Ts）、配方用水溫計算值（Tw）來標記

$$Wi = Gw (Ts - Tw) ／ (Ts + 80) \qquad ⑤$$

看起來實在不太容易理解，因此重新整理成

冰量＝配方用水量 ×（自來水溫度－配方用水溫度計算）／（自來水溫度＋80） …… ⑤

請千萬要各別量測碎冰和自來水。若製作成冰水，就無法有效地利用冰80Cal的融解熱。

　雖然列舉了許多看似困難的算式，但我也不是每天都在攪拌機前做這些計算。Bäckerei Brotheim的明石克彥先生教了我更確實又簡單的方法，就是記錄在下方表格中。我會將配方用水溫度和當天使用的碎冰量記錄下來，幾乎是百發百中。這個表格也順便成為我的日記簿。天氣、活動、當天預定，一整天的感想也會條列寫下。一年之後再看，就變得十分有參考價值了。

配方用表格 Bakey & Café TSUMUGI 　　年　月　日（　）天氣：晴、多雲、雨、雪、強風、颱風	配方用量 Kg	上升溫度 Tm	Tr	Tf	Tw	吸水 %	MIXING	麵團℃	揉和完成時	排氣壓平分割	出爐
法國麵包											
吐司											
洛斯提克											
丹麥麵包											
硬式麵包											
軟式法國麵包											

可頌 Croissant
（整型後冷凍法）

＋　　＋　　＋

　　對於喜歡麵包的女性而言，會用這款麵包的形狀、味道以及香氣來決定店內所有麵包的評價，一點也不爲過。雖然捲入的油脂，無論是奶油還是發酵奶油，其中的差異有限。

　　麵團配方簡單來說，就是減少吐司麵團的吸水，縮短攪拌製成。但爲了做出與其他店家的區隔，就要在麵團上多下點工夫了。這個時候添加發酵麵團（Pâte fermentée）、發酵種等，使用多花費心思製作的麵團成爲必要。想要做出漂亮層次，就要像派一般極力控制發酵，但如此一來就無法呈現麵包的美味。抑制發酵，並能同時加深發酵的美味，就必須依靠老麵、發酵種了。

　　包入奶油、進行3折疊作業，必須儘速且避免麵團溫度上升地進行。市面上有販售15℃以下就會停止發酵的麵包酵母，所以製作大量添加奶油的麵團時，要挑選所使用的麵包酵母。特別是仔細進行製程與注意麵團的溫度管理，就能做出外表漂亮且膨脹的可頌。

◎ 配 方

	%
法國麵包用麵粉（Lys D'or）	100
麵包酵母（新鮮、VF）	5
酵母活化劑（ユーロベイク LS）	1
鹽	2
砂糖	8
脫脂奶粉	3
奶油	5
全蛋（實際淨量）	10
水	55
裹入用奶油	50

◎ 製 程

攪拌	L 5分鐘（All-in-mix）
揉和完成溫度	22℃
發酵時間（27℃、75%）	30分鐘
大塊分割	1890g
冷凍、冷藏	麵團均勻擀壓成約2cm後，應該停止發酵，直接放入冷凍約1小時，在麵團充分冷卻後，包覆塑膠膜移至冷藏室，放置冷藏一夜。
裹入奶油	包入專用奶油，或是用裹入麵團前一天完成整型的奶油，建議採用日式風呂敷包法進行
折疊	4折疊2次，或是3折疊3次，每次折疊都靜置冷卻，再繼續
分割（重量）、整型	將麵團擀成2.5mm，分切成等邊三角形（底12cm、高16cm）重50g。可頌的整型請避免過度用力。
冷凍	-20℃
最後發酵（27℃、75%）	60～90分鐘（刷塗蛋液）
烘焙（230→210℃）	20分鐘

【原材料】

● 麵粉

使用一般的法國麵包專用麵粉。若使用一般的麵包用麵粉（高筋麵粉）時，要在其中添加2成的中筋麵粉或低筋麵粉。使用蛋白質含量過高的麵粉，雖然體積會變大，但會變成彈力過強的可頌，麵團彈力變強，裹入奶油、進行3折疊時，不容易延展。

● 麵包酵母

市面上販售著各式各類的麵包酵母，有冷藏時不會發酵，15℃以下發酵力極弱的類型，也有耐冷藏、耐冷凍的強力類型，或是像超人般的萬用型。總之，最近研發出有著各種機能性的麵包酵母，因此充分閱讀使用說明，可以使用最新技術的麵包酵母。考慮冷凍時，必須要使用新鮮的麵包酵母。

● 酵母活化劑

藉由使用酵母活化劑，增加冷凍、冷藏耐性以及麵包的彈性。依零售麵包坊（Retail bakery）不同，若有自己的堅持，也請重視自己的初心。Calvel先生通常會在配方中添加20ppm的維生素C和麥芽精。

● 鹽

沒有特別堅持使用的種類或品牌，但以原料配方總量來看，相對於吐司的180左右，可頌加上裹入油脂約是250左右。請大家務必瞭解，即使標記與吐司相同比例的鹽2%，全體的鹽份相對於吐司的2/180=0.011，可頌是2/250=0.008。

◉ **砂糖**

砂糖的用量會因店家而不同，一般大多是8%左右。

◉ **乳製品**

大部分是脫脂奶粉2%左右、牛奶則是20%。

◉ **油脂**（麵團配方用）

丹麥麵包類的麵團中並不添加，如此麵團中水和裏入的油脂相斥，才能製作出層次更加分明的質地。

麵團當中添加油脂的目的，除了能使風味和口感不同之外，更多的是期待其作業性。藉由添加油脂而使麵團有更驚人的延展性。若使用丹麥機就不需要太在意，但像我這樣使用擀麵棍進行裏入奶油、3折疊製程，差別就很大了。攪拌時間短的時候，可以添加攪拌成膏狀的固態油脂。

▶ **油脂**（裏入用）

裏入用油脂使用一般奶油時，可以預先（前一天）量測好一次的裏入量，放入塑膠袋中用擀麵棍擀壓延展成適當的大小，冷藏備用。也有販售裏入用500g正方形薄片狀的油脂（奶油、乳瑪琳等等）。

◉ **雞蛋**

雖然很少用於可頌麵包，但使用了會讓烘焙色澤更具魅力。

◉ **水**

希望的配方麵團溫度相當低，因此要注意水溫的調整。此時，要如何添加麵包酵母才好呢？雖然也會因使用的種類有所不同，但考量後續的

麵團冷藏、冷凍，在沒有麵包酵母時用攪拌機攪拌2～3分鐘，待配方用水份消失後，加入攪散的麵包酵母，這樣可以減少麵包酵母周圍來自麵團的自由水。妨礙冷凍原因之一就是自由水的結晶化，同時也會損及麵包酵母，因此想出了這個方法。

【 製 程 】

▶ **攪拌**

與其說爲了攪打出筋性，不如說是輕輕混拌的程度。之後的裏入奶油、3折疊、4折疊也需要與攪拌相同的輕巧，在此一旦用力攪拌，可能會過度，烘焙出不會膨脹的扁平可頌。

▶ **揉和完成溫度**

22～25℃的低溫狀態，若在裏入奶油前就開始發酵，會使油脂無法呈現漂亮的層次。

▶ **靜置時間**

爲了讓麵團不沾黏、使麵團易於延展的時間，基本是短暫的30分鐘左右。

▶ **分割、延展、冷藏**

分切出裏入奶油的一次用量，爲了能確實冷卻，將麵團延展成薄片狀再冷卻。

▶ **裏入奶油**

從冷藏庫取出麵團和裏入用油脂，進行包覆，但此時麵團一旦發酵，就無法製作出優質的可頌。在冷藏室中幾乎停止發酵，像派麵團般沈重的麵團才是最理想的狀態。

製作可頌時，最重要的就是此時麵團與奶油的硬度，麵團和油脂的硬度相同就是最佳狀態。油

脂在開始作業前10～20分鐘（可依工作室溫度而調整），先取出至室溫，使其回復到近似黏土般呈現可塑性的狀態。接著在裹入用奶油仍略硬時，用擀麵棍或丹麥機延展備用，使奶油在裹入麵團後，可以跟麵團一樣容易延展。

麵團擀壓延展成約是裹入用油脂的2倍大，與油脂90度錯開方向，像日式風呂敷包法般包起。儘量避免讓麵團層疊地確實貼合，此時的動作若不確實、過於隨便，麵團接口處會鬆脫，奶油外流就會發生悲劇了。

▶ 3折疊（或4折疊）

將裹入奶油的麵團薄薄地延展擀開，進行3次3折疊，或是2次4折疊。若全部工序一次進行，會使麵團溫度升高，造成奶油層的崩壞，因此每次折疊後，都要放置冷卻30～60分鐘。若是動作足夠快，可以連續進行2次折疊作業，也不會傷及麵團。

意外的重點是：折疊時的麵團厚度要一致。或許有人會覺得只要最後整型時麵團厚度相同，就一樣吧，但令人意外的是，烘烤完成的麵包會有明顯的差異。例如，最後整型時是2.5mm厚，而過程中是6mm厚，那麼就應該要依照這個厚度進行。

▶ 整型

完成最後折疊，要放置較長的冷藏時間，讓麵團充分冷卻再進行整型的製程。可頌是切成等邊三角形，巧克力可頌就切成正方形。通常切開後會立即整型，但若是想要做出漂亮的層次，此時要先再次放回冷藏。特別是尚未熟練時，每項作業都比較花時間，因此在真正熟練之前，還是請先放回冷藏。這樣就必定能烘烤出心中完美的理想形狀。

▶ 最後發酵

濕度是以麵團不會乾燥的75%為標準，但溫度則會因使用不同的裹入油脂而有分別。理想是比使用的油脂融點再低5℃。奶油的融點是32℃，減5℃就變成27℃。若使用融點高的油脂，就可以提高最後發酵的溫度，但會成為口感不佳的可頌。

▶ 烘焙

在烘焙前刷塗蛋液，避免切口處因蛋液沾黏而不能展開形成層次，請務必非常仔細地刷塗。一開始用高溫比較能烘焙出光澤良好的表層外皮，但可頌的美味也會隨水份而揮發，因此即使後半降低烤箱溫度，也要確實進行烘烤。油脂略略融出焦化，焦化奶油的香氣移轉至麵包上，就能做出更加美味的可頌了。

▶ 出爐

沒有比可頌更能確實看到出爐時給予衝擊的效果了。因為沒有填餡也沒有配料，請盡情地給予衝擊。這個時候，請先取出一個放在旁邊，就能確實地比較衝擊給予麵包的效果，給予衝擊後的麵包有著令人驚異的分明層次（請參照P.125）。

零售麵包坊（Retail bakery）的產品，喜歡製成能將層次一層層剝開，碎屑掉落的狀態，但若是大型麵包企業（Wholesale bakery）的產品，卻相反的不希望層次弄髒桌面。這個時候可以利用設定提高最後發酵的溫度、濕度，製作成層次難以破碎的可頌。

專業必學的品項及製作法

吐司（70%中種法）

　　中種法（依比例將麵粉分成2次進行製作的方法。時間花費較長，設備也較大型，但是機械耐性佳，能做出柔軟又延緩老化的麵包），美國所發明的方法，但中種所使用的麵粉比例主要爲50～60%。70%中種法是日本開發、研究，完成度凌駕美國。主要是大型麵包製作企業（Wholesale bakery）擅長的製作方法，老化延緩度、麵包柔軟度、內側的細緻度，是一種製作上穩定性很高的方法。

　　另一方面，在零售麵包坊（Retail bakery）則是以直接法（全部的麵粉一次攪拌）來製作吐司麵包爲主流，在風味、香氣、口感上容易呈現特色，這也是爲了與大型麵包店區別的重要一環。但是，考量到最近家庭的人口變少、單身世代增加、喜好變化…等，吐司的延緩老化、鬆軟度、細緻度等，也是重要的考慮因素，因而在此介紹70%中種法吐司。

胚芽麵包（直接法）

吐司的變化

　　胚芽麵包有很穩定的人氣，除了有胚芽的香氣及美味外，豐富的食物纖維、維他命E（生育酚）等的效果，對女性特別是孕婦及年長者不可或缺。

吐司（70%中種法）

◎ 配 方	中種	正式揉和
麵包用麵粉（Camellia）	70%	30%
麵包酵母（新鮮）	2	—
酵母活化劑（C original food）	0.1	—
鹽		2
砂糖	—	6
脫脂奶粉	—	2
奶油	—	5
水	40	25～28

※ C original food，是作氧化劑使用的維他命 C。

◎ 製 程	
中種攪拌	L 2分鐘 M3分鐘
揉和完成溫度	24℃
發酵時間（27℃、75%）	4小時
終點溫度	29℃
正式揉和攪拌	L 2分鐘 M 5分鐘
	↓ M 4分鐘 H 2～4分鐘
揉和完成溫度	26.5℃
基本發酵	20分鐘
分割重量	230g×6（模型比容積4.0）
中間發酵	20分鐘
整型	6個・U字型交替填裝（3斤模型）
最後發酵（38℃、85%）	40～50分鐘
烘焙（230→220 ℃）	37分鐘

◎ 配方的注意點

這種製作方法也使用在大型生產線上，麵粉大多是使用100%的麵包用粉（大型生產線必須是能耐高速攪拌、蛋白質含量較高的麵粉）。若使用日本國產的小麥，「春よ恋」是100%，超強高筋麵粉的「Yumechikara（ゆめちから）」，是以60%「Yumechikara（ゆめちから）、元氣」與40%北海道麵條用粉的「薰風」為基準（北海道以外的地區，請使用當地的麵條用粉類）。

中種的麵包酵母以2%為基準，很少有的情況下，也會在正式揉和時追加，但就效果來說若相同的麵包酵母用量，其發酵力感覺只有添加中種時的一半。

鹽，即使只添加2%，但依其添加的時間點，鹹味也會隨之不同。後鹽法除了能縮短攪拌時間，還能強調出鹹味，也很符合最近流行的減鹽，請試試看。

砂糖的用量5～12%各種比例都有，請考量客層再行決定。

油脂也是根據客層與賣價來決定。從奶油到酥油，請清楚區分使用目的，再自行決定。但請千萬不要打著高級吐司的名號，而又大量使用便宜的油脂，尤其吐司的風味是無法掩飾的。想清楚決定目標客群，再來考慮使用的種類與等級。

現在過敏體質的客人意料之外的多，在使用乳製品、雞蛋時也應加以考量。

◎ 製程的注意點

中種的攪拌時間很重要，時間長，中種的體積變大，可以製作出內部細緻、柔軟的麵包，但相對的也容易側面彎曲（腰折），請多加注意。一般來說，麵包的模型比容積是4.0時，中種體積最大也應該是在4倍以下。中種體積高於模型比容積的數字時，就稱為「Karabuki（からぶき）」，很容易產生側面彎曲等其他缺點。

中種的最終溫度請以29℃為目標，來決定揉和溫度，以經驗來說不可超過30℃。

正式揉和攪拌至7成時添加油脂。不時地確認麵筋組織，以實際麵團的延展（麵筋組織的連結）來決定攪拌的時間。正式揉和完成溫度為26.5℃，特別是夏天，若超過這個溫度，就會提高過度發酵的機率。

基本發酵20分鐘，中間發酵也是以20分鐘為基準，請記住在此時間內，為了使整型製程能充分發

揮，分割後的麵團進行略強地滾圓。最近的客人已經不再追求麵包氣孔的細緻了，在此若過度地排出氣體，會連香氣也一起消散。

請將最後發酵的條件設定爲上限38℃，85%。低於這個條件時，製作上會比較穩定。

烘焙時間則以3斤模型，烘焙37分鐘爲基準。出爐時，請施以衝擊，對於防止側面彎曲凹陷或上方彎曲凹陷都很具效果。請有效使用蒸氣，利用蒸氣產生的熱風對流、蒸氣本身的熱量，對吐司的烘焙色澤、受熱都很有幫助。

※此外，也有100%的中種法，以及應用上的冷藏中種法，Over Night中種法（宵種法）。是在100%中種法的中種內添加奶粉跟奶油，正式揉和時只加入鹽和砂糖（水是用於調整硬度，也會少量添加），採用全風味法（Full-flavor process）的獨特製作法。這種製作方法，風味、香氣佳，延緩麵包老化，但因為在正式揉和時不加水（就算加也是少量），所以大量生產時，正式揉和的麵團在溫度管理上十分困難，因此不適合大型麵包廠。

胚芽麵包（直接法）

◎ **配方**（P.38 吐司直接法的應用）

麵包用麵粉（Camellia）	100%
胚芽（ハイギー A）	7
酵母（新鮮）	2
酵母活化劑（C original food）	0.03
鹽	2
砂糖	6
加糖煉乳	3
奶油	5
水	70～72

◎ **製程**（P.38 吐司直接法的應用）

攪拌	L2分鐘 M4分鐘 H2分鐘↓ M3分鐘↓（胚芽）H2～3分鐘
揉和完成溫度	26～27℃
發酵時間（27℃、75%）	90分鐘　P　30分鐘
分割重量	210g x 4（模型比容積4.0）
中間發酵	20分鐘
整型	4個・U字型交替填裝 2斤模型
最後發酵（38℃、85%）	40～50分鐘
烘焙（240→220℃）	35分鐘

◎ **配方的注意點**

使用與吐司（P.38）相同配方、製程。不同之處只有在正式揉和時添加7%的胚芽（使用已熱處理完畢，未熱處理的胚芽會使麵團鬆弛）。

◎ **製程的注意點**

胚芽，先加入4%左右的水，如同加入葡萄乾的時間點一樣，吐司完成攪拌的前2～3分鐘加進去。此時加入後的攪拌要以中速以上的轉速，而不使用低速。

胚芽在攪拌製程的後半加入，並不是爲了要與吐司麵團合併，而是若胚芽在攪拌開始就加入，

麵包都會有太過強烈的胚芽氣味。或許有人會認爲具強烈胚芽味才像是胚芽麵包，但有時會讓人覺得是臭味，因人而異。無論如何，請瞭解胚芽添加的時間點會影響麵包的香氣。

還有，希望能注意到的是整型機的間隔。因為對麵團而言，添加胚芽這樣的異物，麵團的氣體保持力會減弱，若是整型機的間隔設定與吐司相同，會使氣體過度排出，請將其間隔幅度調寬。烤箱內的延展也不如吐司來得大，所以可以在最後發酵時使體積略大，再進入下個製程。

高級吐司（湯種法）

吐司的變化

　　最近，蔚為風潮的是高級吐司。在各地都有許多人著手製作，因此並沒有所謂的基本配方、製程，因此這裡介紹的是我自己的食譜。製作方法採直接法，想要呈現柔軟潤澤，因此沒有進行壓平排氣，配方使用了湯種，還併用蜂蜜與鮮奶油。一不小心就很容易發生側面彎曲凹陷的配方，所以請在整型、烘焙方法上多下點工夫，注意儘可能避免彎曲凹陷。

葡萄乾麵包（70%中種法）

這款也採用了中種法。銷售量較少時，可以在吐司麵包製程中分出一部分，做成葡萄乾麵包也沒關係。店內每日精選，就是以同樣的方法取部分吐司麵團，做成胚芽麵包、柳橙麵包上架銷售。

葡萄乾的前置處理（浸漬方法）

葡萄乾用 50℃ 的熱水清洗 10 分鐘。這個步驟下，葡萄乾剛好會吸水 10%，馬上用濾網輕輕瀝乾水份，然後挑選（挑掉損傷的葡萄乾），加入萊姆酒 4%、25度的燒酒 4%，再加上 2% 櫻桃白蘭地（這裡的 % 是以熱水浸泡前的葡萄乾重量為 100% 的基準，以烘焙比例標示）。

因此，葡萄乾的水份為 14.5 ＋ 10 ＋ 4 ＋ 4 ＋ 2 = 34.5%。若水份更多，在攪拌時更容易崩垮，葡萄乾是 pH3 左右，因此過度浸漬也會影響麵包酵母的活性。

高級吐司（湯種法）

◎ **配 方**

＜湯種＞

麵條用麵粉（薰風）	10%
熱水（85℃）	10

＜正式揉和＞

麵包用麵粉（Camellia）	90%
酵母（新鮮）	2.4
酵母活化劑（ユーロベイク LS）	0.1
鹽	2
上白糖	5
蜂蜜	5
加糖煉乳	5
鮮奶油（35%）	10
奶油	7
水	50

◎ **製 程**

湯種攪拌	L2分鐘 M2分鐘
揉和完成溫度	55～60℃
冷藏熟成（1℃）	一夜
正式揉和	L3分鐘 M6分鐘 H2分鐘
	↓ M4～5分鐘
揉和完成溫度	27℃
發酵時間（27℃、75%）	80分鐘
分割重量	210g×4（模型比容積4.0）
中間發酵	20分鐘
整型	4個・滾圓填裝（2斤模型）
最後發酵（32℃、75%）	40分鐘（烤箱延展大、縮短最後發酵）
烘焙（230→210℃）	35分鐘（使用蒸氣、後半5分鐘打開閥門）

◎ **配方的注意點**

　　湯種使用的麵粉，請用日本國產小麥製成的麵條用麵粉，這是日本麵包技術研究所進行綿密的實驗後所得到的結果。湯種的目的是使澱粉 α 化，所以適合使用澱粉含量多，日本國產小麥的麵條用麵粉，熱水的溫度為85℃。從100℃到90℃溫度的急速下降與變化，湯種 α 化的程度也會產生差異，而殘存的酵素量也會參差不均，最後會造成吐司成品的品質不均。

　　正式揉和使用一般的麵包用麵粉，為了提高產品的穩定性而添加了酵母活化劑。蜂蜜是為了烤色、香氣及潤澤而添加。偶而會看到販售著未經熱處理的蜂蜜，這樣的蜂蜜會讓麵團鬆弛，產生黏性，請務必加注意。加糖煉乳使用的是加糖20%的煉乳。鮮奶油是使用乳脂肪成分35%的產品，所以與奶油合起來，乳脂肪成分為10.5%。

◎ **製程的注意點**

　　湯種的揉和完成溫度為55～60℃，這是澱粉開始 α 化，且酵素開始失去活性的溫度。殘留活性的酵素與一部分 α 化的澱粉作用形成糊精，增加了湯種獨特且帶著隱約的甜味，請放入冰箱冷藏一夜使其熟成。

　　正式揉和攪拌並不會像一般的吐司般產生麵筋組織，原本就是容易發生側面彎曲凹陷的配方，所以若攪拌過度，烤箱延展過度，就會出現彎曲凹陷。模型比容積最大為4.0，若大於4.1～4.2時，更容易產生彎曲凹陷。整型通常是 U 字型填裝，但為了避免側面彎曲凹陷，而採用了滾圓填裝。滾圓填裝並不是確實的圓形，而是3折疊使麵團不會過度緊實的整型方式（防止上面彎曲凹陷）。

　　因為烤箱延展較大，因此尚未完全熟成（略小）時，就先放入烤箱。因為添加了蜂蜜，所以會很快呈現烘烤色澤，放入烤箱時請不要設定成太高的溫度。這是減少了燒減率的配方，烘焙最後5分鐘左右請打開閥門，確保燒減率。衝擊時也請從略高之處進行，但若過度強力衝擊，反而會因此造成凹陷。

葡萄乾麵包（70%中種法）

◎ 配方

	中種	正式揉和
麵包用麵粉（Camellia）	70%	30%
麵包酵母（新鮮）	2	—
酵母活化劑（C original food）	0.1	—
鹽		2
砂糖		10
脫脂奶粉		2
奶油		8
水	40	25～28
浸漬葡萄乾	—	50

◎ 製程

中種攪拌	L2分鐘 M3分鐘
揉和完成溫度	24℃
發酵時間（27℃、75%）	4時間
終點溫度	29℃
正式揉和攪拌	L2分鐘 M5分鐘↓ M3分鐘
	H3分鐘↓（葡萄乾）M2分鐘
揉和完成溫度	26.5℃
基本發酵	20分鐘
分割重量	250g×4（模型比容積3.3）
中間發酵	20分鐘
整型	4個・U字型交替填裝（2斤模型）
最後發酵（38℃、85%）	45～55分鐘
烘焙（225→210℃）	40分鐘

◎ 配方的注意點

　考慮到風味的平衡，比吐司添加更多砂糖與油脂，這就是店主的喜好、個人理念的範圍。當然，重要的是葡萄乾的添加量與前置處理方法。

　我個人認為會購買葡萄乾麵包的人，應該是喜歡吃葡萄乾的，所以建議添加50%以上的葡萄乾。銷售量少的時候可使用吐司的麵團，在攪拌至後半段9成時，加入配方上增添的部分，算是稍微折衷的方法。當然，必須先加砂糖、奶油，均勻之後再放入葡萄乾。

　另外，葡萄乾的水份根據日本食品標準成分表（第7版），是14.5%。一般來說麵團的水份約為40%，若沒有做任何前置處理作業，就把葡萄乾加入麵團時，葡萄乾會吸取麵團裡的水份以達到平衡狀態，或是麵包烤好之後持續吸收周邊的水份，葡萄乾麵包的乾柴、老化迅速，通常都是因為這個原因。

◎ 製程的注意點

　在此使用的是與吐司相同的中種。正式揉和也是以吐司作法為基準，但時間稍短、麵筋組織不需延展成薄膜。這是為了承受葡萄乾的重量，麵筋組織厚一點較佳。在攪拌的最後1～2分鐘時，放入葡萄乾，此時的攪拌速度使用中速，而不使用低速，理由已在離析（Unmixing P.25）說明了。

　基本發酵也與吐司相同，但在分割滾圓時，因添加了浸漬的葡萄乾，多少會造成麵團鬆弛，請緊實地滾圓麵團（吐司則是儘可能鬆弛為宜）。經過中間發酵過後，要將整型機間隔調整成略寬一些，以避免破壞葡萄乾，藉由整型機進行模型填裝。因烤箱內延展較少，所以在最後發酵時需要膨脹成略大的體積，再放入烤箱。砂糖與油脂較多，烘烤色澤較深，所以請以稍微低溫、稍長時間來完成烘焙。

　意外地，常被遺忘的是浸漬葡萄乾的溫度調整。因為添加量較多，所以會影響到麵團溫度。我自己在冬天時，會將浸漬葡萄乾放入不鏽鋼缽盆內，再放入烤箱中加熱2～3分鐘，夏天則放入冷藏室冷卻。

全麥麵包＆麵包卷

（麵團、整型、冷藏冷凍法）

吐司的變化

　　全麥麵包（全穀粒麵包），會因使用的全麥麵粉的粉粒大小，烤出來的麵包有很大的差異。只是，全麥麵粉的包裝上不會標示粉粒大小，所以選擇可以感覺麩皮程度的粉粒大小（請練習用指尖感覺麵粉的粉粒，就一定能明白了）。若是這樣的粉粒大小，就不需要進行全麥麵粉的前置處理，也不用改變製程。

　　常會看到全麥麵包標榜是健康食品，無添加砂糖及奶油，但即使是健康食品也必須美味，才會有人願意食用。說到這裡，就是個人理念的範圍了，請務必要製作出健康又美味的食品。

餐包（直接法）

甜麵包卷的變化

　　這是學習製作麵包的入門產品與製作方法。最不會失敗的配方，也是最簡單的製作法。再加上，以這個配方爲基本，幾乎任何麵包都可以製作。麵包卷是風靡一時，飯店麵包的基本配方，包入甜餡就成了糕點麵包，幾乎大部分的人都可以從這裡開始，學習製作麵包的基礎。

　　但以上說法僅止於此，今後的時代，以麵包師身分向前邁進的各位，必須從這個製作方法上畢業才行。這個製作方法是基本，但今後的麵包製作法，是要做出更美味、更省力，還能更即時提供需求數量，將麵包出爐的冷藏製作法。那麼，就先說明基本中的最基本。

全麥麵包＆麵包卷（麵團、整型、冷藏冷凍法）

◎ 配方

麵包用全麥麵粉（Yumekaori ゆめかおり）	50%
麵包用麵粉（Camellia）	50
麵包酵母（新鮮、VF）	3.5
酵母活化劑（ユーロベイク LS）	0.4
鹽	1.7
上白糖	7
蜂蜜	7
加糖練乳	3
奶油	13
冷凍加糖蛋黃	5
水	63

◎ 製程

攪拌	L2分鐘 M6分鐘 H2分鐘 ↓ M4分鐘 H2分鐘
揉和完成溫度	26℃
發酵時間	60分鐘
分割重量	麵包卷：40g，枕型麵包：120g x 2
冷凍、冷藏	翌日的份量冷藏、 其他5天份冷凍
解凍	前一天開始冷藏解凍
整型	麵包使用半斤模型 （模型比容積3.3），麵包卷
最後發酵（32℃、85%）	50 ～ 60分鐘
烘焙	麵包卷：8分鐘（220／180℃） 枕型麵包：17分鐘（180／200℃）

◎ **配方的注意點**

最近製粉技術發達，超微粉、微粉、與麵粉粒等同大小、粗粒粉…等，各種粉粒的全麥麵粉都有。不用說，粉粒越粗麵包就越難膨脹起來，也會因粉粒大小使得水合作用不完全而影響咬感，所以有些必須要經過前置處理。建議使用與麵粉粉粒相同70 ～ 80μ的全麥麵粉。

我在店內使用的是以茨城縣「Yumekaori（ゆめかおり）」自行磨製的全麥麵粉。在考量現代人健康趨勢的同時，全麥麵粉成了今後最重要的食材之一，非常希望大家能將全麥麵粉運用在各種麵包之中。

美國農務省（USDA）為了維持國民的健康，在1992年發表了飲食均衡指南「Food Pyramid」，之後每5年會修改制定。2011年重新改訂，由前總統歐巴馬的夫人蜜雪兒主持，發表了飲食指南「MyPlate」，其中就有「改善營養均衡的10個項目」，第7項就是「所需攝取的穀物一半的份量，請選擇全麥麵粉吧」。這個配方就是根據其宗旨，以做出簡單又好吃的全麥麵包為目標。

蜂蜜是用來掩蓋全麥麵粉的麩質氣味，糖份是14%的甜度，牛奶跟蛋黃、奶油也使用得比較多，完全感覺不到了用50%全麥麵粉，是一款膨脹鬆軟又美味的麵包。

◎ **製程的注意點**

因為是冷藏、冷凍麵團，所以要充分揉和。冷藏、冷凍麵團希望大家注意的是分割重量，麵團量過大時，在冷卻或回溫時都很花時間，1個麵團重量請控制在150g以下。冷卻一開始時是直接放置，冷卻至某個程度時再包覆塑膠袋，以防止乾燥。翌日從冷藏室取出，就能進行整型作業，但冰冷麵團不會有加工硬化，所以要使其回溫至17℃的溫度，再進行整型。最後發酵時間也會因麵團溫度而有改變。因糖份較多，所以請多注意烘焙溫度。

希望大家要儘量避免使用全麥麵粉用量較多的配方，來烘焙製作方型吐司。燒減率低的麵包若使用較多的全麥麵粉時，會有很強的麩質氣味，請務必多加注意。

餐包（直接法）

◎ **配 方**

麵包用麵粉（Camellia）	90%
麵條用麵粉（薰風）	10
麵包酵母（新鮮）	3
酵母活化劑（ユーロベイク LS）	0.2
鹽	1.7
砂糖	13
脫脂奶粉	3
奶油	15
全蛋（實際淨量）	15
水	45～48

◎ **製 程**

攪拌	L3分鐘 M5分鐘 H2分鐘 ↓ M3分鐘 H2分鐘
揉和完成溫度	26℃
發酵時間（27℃、75%）	50分鐘
分割重量	30～40g
中間發酵	15分鐘
整型	各種（使用整型機，平均排出氣體）
最後發酵（32℃、75%）	60～70分鐘
烘焙（230／190℃）	9分鐘

◎ **配方的注意點**

　　想做出輕盈，又能呈現良好斷口性而添加了10%麵條用麵粉。基本配方是砂糖15%與鹽1.5%，但因爲最近的趨勢希望減糖，所以用13%砂糖來製作的店家也變多了，連動式地鹽份就改爲1.7%。

　　這個配方，雖然較基本配方多了奶油跟雞蛋，但最近的傾向是配方越來越往RICH類（高糖油比例）的方向靠攏，所以就試著依循著潮流更動配方。

　　順道一提，中式饅頭、漢堡麵包的砂糖量一般也是13%。用於烘焙麵包、調理麵包的麵團配方，砂糖比例也大都是13%。

◎ **製程的注意點**

　　餐包除了店內單獨販賣之外也會用做三明治，在整型上有較多的變化，製造份量多，分割及整型的時間就容易拉長。這個時候，暫時性的、或將部分麵團，先放入冷藏室。用冷藏室的中間發酵來調整，以求能製作出品質穩定的成品。

糕點麵包（直接法）

　　目前不太建議用直接法來製作糕點麵包。考慮自己的工作時間、生產性、利弊得失等，我認爲不該再用此方法製作。請務必參考 P.46，以冷藏、冷凍法來製作糕點麵包。

　　話雖如此，也有因廚房狹小，無法放入更多的冷藏櫃、冷凍櫃的店家，在此作爲參考之一的列入本書。想做出更美味的麵包時，以此製作方法爲基本，再加上發酵種及前一天的麵團等，就可以做出不同於其他店家的美味麵包。

糕點麵包（70%加糖中種法）

甜麵包卷的變化

　　主要是大型生產線所使用的製作方法。具機械耐性的麵團、成品膨鬆柔軟又能延緩麵包老化。另一方面，依照工廠的空間及機械設備，在初期必須投入龐大金額。本書雖然是以零售麵包坊（Retail bakery）的店家為主要對象，但70%中種法應該作為基本中的基本，加以認識瞭解，因此特別介紹。若以此為基準，更可以應用在各種場合。應用的例子包括潘妮朵尼聖誕麵包（P.95）、黃金麵包（P.106）。

糕點麵包（直接法）

◎ **配 方**

麵包用麵粉（Camellia）	80%
麵條用麵粉（薰風）	20
麵包酵母（新鮮）	3
酵母活化劑（ユーロベイク LS）	0.3
鹽	0.8
砂糖	25
脫脂奶粉	3
乳瑪琳	15
全蛋（實際淨量）	15
水	45 ～ 48

◎ **製 程**

攪拌	L 4分鐘 M 2分鐘 H 3分鐘 ↓M 3分鐘 H 1分鐘
揉和完成溫度	28℃
發酵時間（27℃、75%）	60分鐘
分割重量	35 ～ 40g 填餡、配料 麵團重量的等量以上
中間發酵	15分鐘
整型	各種（使用整型機 均勻排出氣體）
最後發酵（32℃、75%）	60分鐘
烘焙（230℃）	8分鐘

◎ **配方的注意點**

　　加入20%左右的麵條用麵粉，使麵包呈現良好的斷口性與口感。

　　砂糖的添加量基本是25%，但最近有降到22%減低甜度的傾向。砂糖用量較多時（25%時），因風味與滲透壓的關係，鹽為0.8%；但降到22%時，鹽的用量是1.0%。油脂若少放會加速老化，麵包也會變得乾燥，因此建議使用15%以上。

◎ **製程的注意點**

　　吸水會略微較少，但請確實進行攪拌。發酵60分鐘，在整型時有許多步驟，因此不進行壓平排氣，麵包的穩定性較佳。當配方用量較多時，分割的時間也會隨之變長，這個時候，可以將麵團分成幾份，暫時不整型的麵團先冷藏備用。整型也是需要花時間，這時連同冷藏時間一起併入考量，留心適切的中間發酵。遵守中間發酵的時間非常重要，以15分鐘為基準，其餘的麵團放入冷藏室以抑制發酵。

　　整型時，有人會以手進行壓平排氣，而不使用整型機（或是擀麵棍），但用手壓按的排氣，會殘留不均勻的氣泡，烘焙後就無法形成漂亮的表層外皮。這個製作方法雖然沒有什麼大問題，但整型後冷藏的麵團在製作時，使用整型器是必要的。

糕點麵包（70%加糖中種法）

◎ 配　方	中種	正式揉和
麵包用麵粉（Camellia）	70%	30%
麵包酵母（新鮮、VF）	3	—
酵母活化劑（C original food）	0.15	—
鹽	—	0.8
砂糖	3	22
脫脂奶粉	—	3
乳瑪琳	—	10
全蛋（實際淨量）	—	10
水	38	6～8

◎ 製　程	
中種攪拌	L 2分鐘M 3分鐘
揉和完成溫度	26℃
發酵時間（27℃、75%）	2小時
終點溫度	29℃
正式揉和攪拌	L 2分鐘M 6分鐘↓
	M 4分鐘H 2～4分鐘
揉和完成溫度	28℃
基本發酵	40分鐘
分割重量	30～40 g
中間發酵	15分鐘
整型	填餡、配料
	麵團重量的等量以上
最後發酵（38℃、85%）	50～60分鐘
烘焙（220/190℃）	9分鐘

◎ **配方的注意點**

　　這個製作法為大型生產線使用，大多使用100%麵包用麵粉。在此為大家介紹這款配方（零售麵包坊 Retail bakery 大部分會加入麵條用麵粉做出良好的斷口性，但大型生產線是採用臥式攪拌機，強力攪拌製做出滑順的麵團，以增加生產耐性，同時麵包用麵粉可以製作出體積膨大且柔軟又有口感的成品）。

　　使用日本國產小麥時，是以「春よ恋」100%，或「Yumechikara（ゆめちから）、元氣」60%，和「薰風」40%為基準，但請試做、試吃後再行調整。

　　麵包酵母（新鮮）在中種裡以3%為基準，雖然是很少有的情況，但也有在正式揉和時追加的，但就效果來說，若相同的麵包酵母用量，其發酵力感覺只有添加中種時的一半。再加上麵包酵母各家公司都齊備了強烈耐糖性的新商品，請掌握最新資訊，選擇最適合的使用。

　　鹽即使添加0.8%，也會因加入的時間點而有不同的鹹味。後鹽法就有比較強的鹹味。

　　砂糖的用量從20～30%都有。油脂的種類也根據客層跟賣價決定，從奶油到酥油，請有信心地自行考量後決定。希望什麼樣的客人來買，若能決定好目標，就能決定種類與等級。

　　意外地有不少客人是過敏體質，因此乳製品、雞蛋的使用，也請將此列入考量。

◎ **製程的注意點**

　　加糖中種法的時候，1小時中種的溫度上升為1.5℃。關於正式揉和，因為添加較多砂糖，看似麵筋組織已連結，但因為副材料較多，很容易會有攪拌不足（Undermixed）的情況。以稍硬的麵團，確實充分攪拌以完成有光澤，且具漂亮烘烤色澤的糕點麵包，就是製作的重點。

　　雖然也會因配方用量而異，但若擅自拉長中間發酵時間，會烘烤出糊掉的色澤，上方麵團變少，成為薄皮的甜餡麵包。請考慮整型時間來決定配方用量，也可以考慮冷藏部分麵團或將麵團整型後冷藏。

　　烘焙時必須注意調弱下火，以上火為主，10分鐘以內完成烘烤。

軟式法國麵包（麵團冷藏冷凍法）

　　法國麵包要做成冷凍麵團有相當困難之處，但若是添加少量砂糖、油脂的軟式法國麵包，即使冷凍、冷藏一週左右，都能不影響品質地完成。

鄉村麵包（麵團冷藏法）

硬式餐包的變化

最適合作成 Croque monsieur、Croque madame 的麵包。在競賽中製成裝飾麵包，麵包坊也運用作為現在很流行的「一升（一生）麵包」的基底。小朋友版就用地瓜代替馬鈴薯，帶著甜味，很受歡迎。

編註：「一升（一生）麵包」代替日本傳統的年糕，一升是1.8公斤，慶祝小朋友一歲生日，一生富足的意義。

軟式法國麵包（麵團冷藏冷凍法）

◎ 配　方

麵包用麵粉（Camellia）	50%
法國麵包專用麵粉（Lys D'or）	50
麵包酵母（新鮮、VF）	3
酵母活化劑（ユーロベイク LS）	0.7
發酵麵團（Pâte fermentée）	30
麥芽糖漿（euromalt 麥芽精、2 倍稀釋）	0.6
鹽	2
砂糖	3
豬油	3
水	65

◎ 製　程

攪拌	L 2分鐘 M 5分鐘 H2分鐘 ↓M 5分鐘
揉和完成溫度	25℃
發酵時間（27℃、75%）	45分鐘
分割重量	150g、60g
冷凍、冷藏	翌日使用的份量冷藏 其他可冷凍一週 使用前一天冷藏解凍
回復溫度	17℃以上進行整型
整型	各種
最後發酵（32℃、75%）	70 ～ 90分鐘 （根據麵團溫度）
烘焙（230→220℃）	20分鐘（小型）

◎ **配方的注意點**

　　麵粉若只用一種麵包用麵粉，口感會過於硬實，而只用法國麵包專用麵粉，則冷藏冷凍耐性會變弱，所以這個配方會取各半使用。

　　油脂使用的是豬脂，因為用奶油會有太強烈的奶油風味。麵包坊若想使用這種麵團做出牛奶法國麵包、大蒜法國麵包、鹽麵包、三明治用的長棍 casse-croûte 等有香脆口感的成品，當想要更增添香氣時，請增加發酵麵團（Pâte fermentée）的用量。

◎ **製程的注意點**

　　因為需要冷藏、冷凍，所以攪拌時間請比直接法的時候更長一點。通常採用發酵、分割、強力滾圓。分割重量以150g為上限，分割重量太大時，無論是冷凍或解凍都很花時間，很難製作出具穩定性的成品。

　　冷藏盤上舖放大約是烤盤2倍大的藍色塑膠膜，以及與烤盤同樣大小的珍珠棉，以防止麵團乾燥，整型時也能更輕易地由盤中取出麵團。法國麵團及軟式法國麵包的麵團，配方都會沾黏，覆蓋在上面的塑膠膜也會緊緊地黏在麵團上，因此這2種（油脂配方少的麵團），上面會先覆蓋珍珠棉，再蓋上塑膠膜。這樣作業起來非常順利，請務必試試看。

鄉村麵包（麵團冷藏法）

◎ 配 方

法國麵包專用麵粉（Lys D'or）	90%
裸麥粉（日清 メールダンケル）	10
即溶乾燥酵母（紅）	0.4
酵母活化劑（ユーロベイク LS）	0.4
麥芽糖漿（euromalt 麥芽精、2 倍稀釋）	0.6
發酵麵團（Pâte fermentée）	30
鹽	2.2
馬鈴薯（煮熟）※	10
水	67

◎ 製 程

攪拌	L2分鐘（自我分解法 Autolyse 20分鐘）↓
	（即溶乾燥酵母、鹽、發酵麵團） L6分鐘 M1分鐘
揉和完成溫度	24℃
發酵時間	30分鐘 P 30分鐘（之後，各別分開1天的用量，放入塑膠袋內冷藏。翌日，從冷藏取出分割）
分割	350g
中間發酵（復溫）	60分鐘（麵團溫度到17℃以上）
整型	圓形，枕型
最後發酵（32℃、80%）	60分鐘（依麵團溫度而改變）
烘焙（230／210℃）	26分

◎ 配方的注意點

藉由添加馬鈴薯增添濃郁，麵包也有潤澤口感。麵團放入過多馬鈴薯會較快造成損傷，所以要特別注意。以鄉村麵包之名呈現印象中的鄉村風味，所以一般會添加5～10%的裸麥粉。添加發酵麵團（Pâte fermentée）（前一天分割法國麵團時放入塑膠袋冷藏保存的麵團），也有改良風味的意思。發酵麵團（Pâte fermentée）若是在15%以下，請想成是增量混拌（前一天剩下麵團避免浪費地使用），若在15%以上，請視為提高品質的混拌（藉由添加期待改良風味、延緩老化、改善作業性等）。

※ 燙煮，或使用微波爐時，都是帶皮進行，處理後再除去馬鈴薯外皮，比較能得到口感均勻的馬鈴薯（去皮後再處理，外層跟內側的口感會有差異）。

※ 沒有馬鈴薯時，可以用馬鈴薯片代用。必須注意的是，馬鈴薯片不可直接加入麵粉中，請務必要泡水還原成膏狀後使用。就像所有粉末一樣，若在麵粉中加入吸水能力不同的粉類，吸水能力高的粉類無法充分吸收水份，在發酵的後半或製作成麵團後，也會因其吸水性而提早老化（變硬）。

◎ 製程的注意點

添加即溶乾燥酵母的時間點，請盡可能在自我分解之前，攪拌完成前的10秒加入。即溶乾燥酵母的水份只有5%。在自我分解的20分鐘內，麵團中的水份會被即溶乾燥酵母吸收，而提前產生活性。

發酵時間的30分鐘，壓平排氣之後30分鐘，麵團體積幾乎沒有改變，這樣是正常的，所以繼續進行大塊麵團分割，避免乾燥地放入塑膠袋內，盡量壓成扁平狀（使麵團能更容易冷卻、復溫）冷藏。

麵團的復溫最重要。15℃以下不會產生加工硬化，會變成沒有彈性的麵包。20℃以上，麵團會因沾黏而有整型的問題，因此請將目標設定為17℃。這個麵團也會在最後發酵時受到溫度影響，溫度太低時，最後發酵時間就會拉長，請務必注意。

在我的麵包坊是一次準備3天份量。

洛斯提克（直接法）

硬式餐包的變化

　　將這種麵包介紹到日本，最早應該是1986年（昭和61年），法國的麵包師－Gerard Meunier先生。那時吸水量多，用低速攪拌3分鐘，利用2次壓平排氣使其產生彈性，不整型儘可能避免施以壓力地完成麵團，之後一氣呵成地高溫烘焙，完成的麵包竟是如此不可思議的美味。

　　當時吃的洛斯提克，以及利用洛斯提克做的三明治 casse-croûte（他在現場即興放入了紅蘿蔔沙拉製作），那種美味至今仍印象鮮明。

丹麥麵包（整型冷凍法）

　　真正道地的丹麥類麵團，是不添加奶油揉和的。雖然奶油層次比較漂亮，但麵團不易延展，作業困難。美式的作法是在甜麵包卷的麵團中包入奶油折疊，作業性佳、口感也鬆脆，但奶油層次的呈現方式並非丹麥麵包的風格。在此介紹折衷的製作法，屬於日本風格，敬請理解。

洛斯提克（直接法）

◎ 配 方

法國麵包專用麵粉（Lys D'or）	100%
即溶乾燥酵母（紅）	0.45
麥芽糖漿（euromalt 麥芽精、2 倍稀釋）	0.6
鹽	2
水	76

※ 變化組合：
蔓越莓25% ＋核桃20%
地瓜25% ＋奶油起司25%等

◎ 製 程

攪拌	L3分鐘
揉和完成溫度	23℃
發酵時間	30分鐘　P　30分鐘
	P　60分鐘　P　30分鐘
分割、整型	200g
最後發酵（32℃、75%）	40〜50分鐘
烘焙（240→225℃）	原味、蔓越莓24分鐘
	地瓜26分鐘

◎ 配方的注意點

　　因為非常簡單，沒有特別需要提醒注意的地方。總之，就是貫徹烘烤出食材本身的風味。真要說的話，就請嚴選每一種食材，請使用自己覺得美味的材料製作。

◎ 製程的注意點

　　在這種情況下（攪拌時間短），我會請大家把鹽先溶入配方用水中，但記憶中 Meunier 先生並沒有那樣做。總之，就是簡單地不用多想，材料也不需揉和，只要混拌就可以。

　　短暫地攪拌，請混拌至麵團中粉類消失為止。第1次、第2次壓平排氣的力道要足，製作變化組合（蔓越莓或地瓜）的麵團時，在第1次壓平排氣時加入。第3次的壓平排氣，則視麵團情況來調整強度。最後30分鐘發酵之後，做輕輕的壓平排氣（去除氣體），分割。

　　這種麵包，儘可能避免頻繁的觸摸麵團，所以也不需整型，分割時儘可能一次就切好所需重量。此外，因為不整型，所以最後發酵較快，請注意，參考標準大約是40分鐘。

丹麥麵包（整型冷凍法）

◎ 配 方

法國麵包專用麵粉（Lys D'or）	100%
麵包酵母（新鮮、VF）	5
酵母活化劑（C original food）	0.1
鹽	2
砂糖	12
奶油（軟膏狀）	10
脫脂奶粉	3
全蛋（實際淨量）	15
水	37 ～ 40
裹入用奶油	60

◎ 製 程

攪拌	L5分鐘
揉和完成溫度	23℃
發酵時間（27℃、75%）	30分鐘
大塊分割	1850g
冷卻	冷卻至麵團溫度為6 ～ 8℃
裹入	用麵團包覆裹入用奶油，進行2次3折疊
冷卻	靜置麵團（冷卻）約30分鐘
3折疊	1次
冷卻	將麵團冷卻至5 ～ 6℃
整型	各種
冷凍	-20℃
最後發酵（27℃、75%）	50 ～ 60分鐘
烘焙（210℃）	10 ～ 12分鐘

◎ **配方的注意點**

麵粉或麵包酵母的選擇，與P.66的可頌相同。

酵母活化劑的使用，也需考慮外觀、體積以及彈性，再調整種類及用量。雖然不添加雞蛋的配方很多，但考量到烘焙色澤，還是希望能使用。

請注意吸水量。為了做出漂亮的層次，奶油層不能斷掉，而必須薄薄地延展。因此和奶油相同硬度的麵團是必要的條件。抑制麵團的吸水，並與奶油相同硬度（1 ～ 6℃左右）就是關鍵。

◎ **製程的注意點**

因為後半有裹入油的製程，會縮短攪拌時間。因此事前將軟膏狀的揉和用油脂加入，非常重要。之後會放入冷凍，所以建議麵包酵母、鹽都不先溶解地直接加入。

發酵時間30分鐘後，沾黏感會消失，麵團呈現鬆弛狀態時，就可進行大塊分割。大塊分割後的麵團，整合成1 ～ 2cm厚度、冷卻。我自己的做法是直接放入冷凍庫，待麵團表面冷卻凍結至某個程度之後，為避免乾燥地用塑膠膜包覆整體麵團，靜置於冷藏室一夜。

裹入奶油時，儘量採用日式風呂敷包法。裹入用奶油雖然前一天會整型成麵團大小再冷藏，但直接拿出來包入時，奶油會破損。這是因為奶油長時間冷藏，延展性變差所致。所以在包入之前，請先進行一次奶油的延展。多了這個動作，可以使奶油容易延展，麵團跟奶油成為一體，才能製作出漂亮的奶油層次。延展後進行3次3折疊，或是2次4折疊。這個時候重要的是，折疊前的麵團厚度。雖然也會依麵團量而有所不同，但一般麵團的厚度以6mm為基準。最後，整型前的麵團厚度為2.5 ～ 3mm，要延展至這個狀態後，再進行分切。

尚未習慣前請先分切一份麵團，之後再放入冷藏。確實冷卻後再整型，就能做出漂亮的層次。

另外，單純像蒟蒻麻花般的整型，折疊次數增加；或者是整型成複雜的鑽石形，即使摺疊次數少，也不會使奶油溢出。但最近相較於形狀，有表面裝飾或糖衣的商品看起來更具魅力，似乎可以營造出數大便是美的效果。

布里歐（麵團冷藏法）

　　很可惜，這是店內沒有販售的代表性麵包。但意想不到的是，使用布里歐麵團製作出的糕點麵包大受歡迎。

　　說到布里歐，就會浮現 Brioche à tête（僧侶布里歐）或 Brioche mousseline（慕斯林布里歐，圓筒形模型烤的布里歐）、Brioche Nanterre（拿鐵魯布里歐，淺的枕型模烘烤的布里歐），這些只有麵包體的布里歐。然而，喜歡填餡的日本客人，或許比較能接受的是 Brioche Feuilletée（千層布里歐）、Schnecke（片狀的布里歐，鋪放杏仁餡包捲，切開烘烤），或是巴巴（Baba烘焙後，浸漬大量白蘭地糖漿，佐以鮮奶油食用的布里歐）等等。

潘妮朵尼聖誕麵包
（70%加糖中種法，使用「可爾必思」）

歐式麵包的變化

　　一般會使用潘妮朵尼種，但很難管理，所以在此介紹使用『可爾必思』或酒醋的簡便方法。雖說簡便，其美味程度也足以與潘妮朵尼種匹敵。

　　世上被稱為發酵食品的東西很多，像是味噌、醬油、酒、味醂，最近還推出無色透明的醬油。請務必將這些發酵食品導入麵包的製作中，做出沒有人能模仿，只有您一人能製作出來的麵包。現在，也有使用味醂，作為提味的熱門商品。

布里歐（麵團冷藏法）

◎ 配 方

麵包用麵粉（Camellia）	100%
麵包酵母（新鮮、VF）	3
鹽	2
砂糖	10
奶油	50
全蛋（實際淨量）	30
牛奶	33

◎ 製 程

攪拌	L 5分鐘M 6分鐘↓M 3分鐘 ↓M 3分鐘↓M 3分鐘
揉和完成溫度	24℃
發酵時間（27℃、75%）	90分鐘壓平排氣後冷藏 （15～20小時）
分割	45g（37g+8g）
中間發酵（冷藏）	麵團溫度在10℃以下 再次滾圓備用
整型	僧侶布里歐
最後發酵（27℃、75%）	60分鐘
烘焙（240℃）	8分鐘

◎ 配方的注意點

這次介紹的是麵包用麵粉（高筋麵粉）100%的配方。考量點在於油脂量多，所以要有足以搭配的麵筋組織。但在當地的布里歐，是不使用高蛋白質麵粉的，而是使用如同日本的法國麵包專用麵粉。雖然體積不會太過膨脹，但卻能做出潤澤且風味濃郁的成品。要使用哪一種麵粉，可依個人的喜好決定。總之麵團十分柔軟，常溫之下，完全無法滾圓和整型，所以麵團冷藏法成為主流。當然，也是藉由冷藏來增加布里歐的美味程度。

因為是冷藏發酵，所以請使用具冷藏耐性的麵包酵母。這裡是作為餐包食用，因此砂糖的配方用量並不多。

奶油是比例較多的50～70%，也是這款麵包最大的特徵。因為期待雞蛋蛋黃的乳化性作用，因此請務必使用新鮮雞蛋（使用加工雞蛋時，就無法呈現出期望中的體積）。當然，奶油配方用量多時，也請檢討增加新鮮雞蛋中的蛋黃比例。有些配方不使用牛奶，而只用雞蛋進行製作，因此會擔心雞蛋的新鮮度使 pH 值變高，造成口感的乾柴，我採用蛋與牛奶各半量。

◎ 製程的注意點

攪拌時，為了讓奶油充分融入，因此在開始時添加5%的奶油，之後奶油的添加就會更加順暢。奶油請於事前調整成與麵團相同的硬度，因為麵團柔軟，加入配方用量較多的奶油，很容易被誤解成麵筋組織發展良好。避免被誤導，請確實進行攪拌製程。奶油的融點是32℃，請留意以奶油融點減5℃，來進行麵團的溫度、發酵管理。

發酵之後放入冷藏，先將麵團擀壓成2cm的厚度，會更容易冷卻。趁低溫的時候進行分割、滾圓、整型等，調整好形狀。麵團溫度一旦升高，會變得沾黏而難以作業，若是在麵團溫度升高的狀態下進行中間發酵（蛋和奶油配方用量較多的潘妮朵尼聖誕麵包，或黃金麵包等不進行中間發酵），麵團就可能產生空洞。

整型方法有一般法與簡易法。用一般法整型烘焙來的成品，很難以達到期待的成果，因此，請根據 P.125 的簡易法，先以能均勻烘烤出成品為目標。

潘妮朵尼聖誕麵包（70%加糖中種法，使用「可爾必思」）

◎ 配 方	中種	正式揉和
麵包用麵粉（Super King）	70%	30%
麵包酵母（新鮮、VF）	5	—
酵母活化劑（ユーロベイク LS）	0.3	—
麥芽糖漿（euromalt 麥芽精、2倍稀釋）	1	—
「可爾必思」	5	—
酒醋	1	—
鹽	0.3	0.7
砂糖	4	25
脫脂奶粉	3	—
奶油	20	20
蛋黃	20	—
全蛋（實際淨量）	25	34
白蘭地葡萄乾	—	55
糖漬橙皮	—	15

◎ 製 程	
中種攪拌	↓（奶油）L 3分鐘M 4分鐘
揉和完成溫度	26℃
發酵時間（27℃、75%）	2.5時間
正式揉和攪拌	L 2分鐘M 6分鐘H 2分鐘
	↓M 2分鐘
	↓M 2分鐘H 1～3分鐘
揉和完成溫度	27℃
發酵時間	60分鐘
分割、整型	（小）200 g、（大）380g
中間發酵	0分鐘（如此高成份的麵團，原則上不需要）
最後發酵（27℃、75%）	70分鐘
烘焙（170℃）	25分鐘

◎ 配方的注意點

潘妮朵尼聖誕麵包跟布里歐一樣，是高奶油成份的配方，爲了讓油脂可以融入麵團中，因而使用了較多具乳化效果的雞蛋。潘妮朵尼聖誕麵包使用潘妮朵尼種的理由之一，是因爲雞蛋的 pH 值較高，所以使用 pH 值低的潘妮朵尼種，會使 pH 值降低至適合製作麵包的數值。這個配方的 pH 值調整，也可用酒醋、「可爾必斯」來代用。

因爲使用了很多副材料，因而使用高蛋白含量的麵粉。麵包酵母也因爲砂糖的配方用量較多，而使用耐糖性麵包酵母。雖然不使用酵母活化劑也沒關係，但若使用，麵團可以冷藏保存一週。使用較多的麥芽精，因此烤箱內也能充分延展。因爲中種內也添加了少量的鹽及砂糖，更加強麵包酵母的活性。爲了使奶油與麵團能充分融合，中種裡也添加較多的蛋黃與全蛋。酒醋與「可爾必思」預先和蛋黃、全蛋混拌備用。麵團是非常柔軟的質地。

◎ 製程的注意點

中種攪拌時使麵團確實結合，2.5個小時後完成的中種，表面會有略乾的感覺，膨脹隆起，頂端用手指剝開時會有薄膜，可以看到非常細小的孔洞。正式揉和的麵團非常柔軟，或許會擔心，這樣的麵團眞的可以延展嗎，但請相信「可爾必思」的效果。

60分鐘的基本發酵後，進行分割，但此時的滾圓也算是整型。請確實並仔細地進行滾圓，完成滾圓的麵團放入潘妮朵尼聖誕麵包用的紙模內，進行最後發酵。當麵團頂端膨脹成高出紙模1cm左右，用剪刀剪出十字切紋，用手指抓著剪開的表皮朝外拉開。這個拉開的開口太小時，潘妮朵尼的體積就出不來。請確實、甚至粗暴用力地拉開。中央放入小指大小的奶油，送入烤箱，這時候放入的必定要是奶油。無論是哪個麵包都可以說，越到製程後半段越是要使用優質的材料。

會有烤箱內的延展，因此務必要注意烤箱的高度。擔心上火過盛時，可以在烘焙的後半段，用烤盤紙覆蓋在潘妮朵尼聖誕麵包上。待烘烤成漂亮烘焙色澤的麵包出爐後，確實施以衝擊，之後在麵包底部穿入2根鐵籤，反轉後吊掛使其冷卻。

97

印度烤餅（無發酵麵團）

無
發
酵
麵
包

　　因為沒有添加麵包酵母，或許不能稱它是麵包也說不定，務必請大家一起來認識這樣的美味。在我吃到印度烤餅之前，一直認為發酵麵包是無發酵麵包的進化、發展而來的，但那是錯誤的。無發酵麵包與發酵麵包的美味，完全不一樣，雙方各有特色。

　　另外，在小麥品種中，存在著氣體保持力較弱的小麥。在以這種小麥為主體的國家、地區，這樣的印度烤餅作為美味的麵粉製品，至今仍是廣受喜愛。

　　吃到這款麵包，我第一次意識到，以小麥為主，用此小麥製作出最好的麵包，就是此地區的主食。

TSUMUGI coupé
（長時間直接法、葡萄乾發酵種）

　　世界上有各式各樣的麵包，都是當地的麵包坊經過長年累月的研究，利用當地生長的小麥、穀物，努力加工成極致美味的心血結晶。但很可惜，目前尚未開發出使用日本的小麥做出符合日本人喜好的麵包。

　　我自己正使用著日本國產小麥，以葡萄乾發酵種使其發酵，開發並販售符合日本人喜好的風味與口感的麵包，當初會開設麵包坊，就是這樣的原因。當時的第1號產品，就是這款麵包。在麵包的消費支出已經超越白米的現今，身處日本麵包坊的我們，必須要做的事，就是使用日本國產小麥，開發出符合日本人喜好的主食麵包。

印度烤餅（無發酵麵團）

◎ 配 方

麵條用麵粉（薰風）	100%
老麵	30
膨脹劑（DELTON※1）	3
鹽	0.6
沙拉油	5
全蛋（實際淨量）	10
牛奶	10
水	35

◎ 製 程

攪拌	L1分鐘M2分鐘
揉和完成溫度	26℃
靜置時間（27℃、75%）	60分鐘 P 60分鐘
分割重量	230g
中間發酵	60分鐘
整型	樹葉形狀
烘焙（280℃、使用蒸氣）	3分鐘

◎ 配方的注意點

　麵粉請使用麵條用麵粉。沒有老麵也沒關係，但若想做出更好吃的印度烤餅時，請在上述的配方中添加0.25%麵包酵母（新鮮），於室溫下靜置一夜，因為若使用較多的膨脹劑 Baking powder（泡打粉）就會出現苦味，所以請使用葡萄糖酸內酯（gluconolacton）（※1 Oriental Yeast 工業株式会社 DELTON牌）。沙拉油用新油當然很好，但若使用炸過洋蔥的炸油，炸油中會有洋蔥的香氣，可以製作出散發回味無窮香氣的印度烤餅。

　麵團非常柔軟。

　前幾天在印度餐廳內吃了印度烤餅，約是添加了10%左右的砂糖，非常美味，讓人一口接一口。

◎ 製程的注意點

　請利用攪拌製作出滑順的麵團。因為沒有添加麵包酵母，所以有靜置時間，但添加老麵會產生若干的發酵。

　分割重量不拘泥於230g，在中間發酵後整型成印度烤餅（三角形，葉形）的形狀，原本是用饢坑（Tandoor）烘烤，但麵包坊沒有，因此我是排放在烘焙墊上，放在烤盤上面，使用取板放入280℃的法式烤爐中烘烤。蒸氣請多一點。完成烘烤後請塗上酥油（Ghee）或是奶油供餐。

TSUMUGI coupé（長時間直接法、使用葡萄乾發酵種）

◎ 配 方

麵包用麵粉（Yumechikara ゆめちから、元氣）	70%
麵條用麵粉（薰風）	25
全麥麵粉（Yumekaori ゆめかおり）	5
葡萄乾發酵種（請參照 P.108）	8
麥芽糖漿（euromalt 麥芽精、2 倍稀釋）	1
鹽	1.8
上白糖	4
豬脂	3
水	62

◎ 製 程

攪拌	↓ L2分鐘 M2分鐘 H1分鐘
	↓ M2分鐘 H1分鐘
揉和完成溫度	29℃
發酵時間（27℃、75%）	過夜（19個小時左右）
分割重量	190g
中間發酵	20分鐘
整型	枕型
最後發酵（32℃、75%）	120分鐘
烘焙（220／190℃）	20分鐘

◎ 配方的注意點

北海道的麵包用麵粉「Yumechikara（ゆめちから）、元氣」，與麵條用麵粉「薰風」，再加入5%茨城縣的「Yumekaori（ゆめかおり）」全麥麵粉。

發酵源是葡萄乾發酵種。葡萄乾發酵種的酵母數可以與市售麵包酵母0.3%匹敵，葡萄乾發酵種不穩定時，請在0.04%的範圍內使用市售麵包酵母。

在此因想突顯麵粉與發酵的美味，而使用了豬脂。使用豬脂的理由，是因為以奶油試做時，奶油的香氣太突出，使得麵粉與發酵的美味變淡。再加上使用豬脂，更能加強表層外皮的酥脆。

添加的4%砂糖，隱約呈現出甜味，麵團是非常柔軟的質地。

◎ 製程的注意點

請確實進行攪拌。因發酵力較弱，所以揉和完成溫度設定為較高的29℃。因為需要經過隔夜發酵，所以為避免麵團乾燥地覆蓋塑膠膜。

請儘可能地使用長方型的發酵箱，麵團（麵筋）與形狀記憶合金一樣，烤箱中會重現發酵時的形狀。因此會使用圓形發酵藤籃、方形發酵藤籃（banneton），就可知道發酵箱的形狀非常重要。

在大型麵包工廠的中種用發酵室，可以看見排列著許多像是吐司模型般大小的中種用發酵箱。洛斯提克的發酵就不使用長方形發酵箱，而是使用寬廣型的搬運箱。使用與最終成品形狀相似的發酵箱，就能烘焙出期待形狀的麵包。請別忘記麵筋組織具有與形狀記憶合金相同的特質。

鄉村麵包
（長時間直接法、使用葡萄乾發酵種）

發酵種麵包的變化

　　據說過去是在巴黎郊區的農村製作，運往巴黎販售，因此稱作「鄉村麵包」。無論是否屬實，因為在法國麵包配方中添加了10%左右的裸麥粉，也被稱為「鄉村風」，是一款能品嚐到裸麥香氣與濃郁風味的麵包。

　　過去歐洲的農村，會用村子裡的公共石窯烘烤一週份量的麵包，久置變硬的麵包會蘸著湯汁享用，是一款勾起時代回憶的麵包。

Schiacciata（托斯卡尼風披薩）
（麵團冷藏法、使用星野天然麵包酵母種®）

發酵種麵包的變化

義大利麵包以披薩、巧巴達最爲著名，但托斯卡尼地方的 Schiacciata，近年來才廣為人知，總之就是無比美味。

我的老家以前是豆腐店，在剛炸好的「油豆腐」上澆淋醬油享用，美味至今無法忘記。從以前我就一直想做出那種滋味、口感的麵包，但這款麵包竟與我的臆想完全吻合。搭配生火腿、蔬菜沙拉都非常契合，無論什麼食材都能放上去烘焙，請多淋上一點橄欖油享用。我自己是喜歡只添加鹹味的 Schiacciata。

鄉村麵包（長時間直接法、使用葡萄乾發酵種）

◎ 配 方

法國麵包專用麵粉（Lys D'or 準強力粉）	90%
裸麥粉（日清 メールダンケル）	10
葡萄乾發酵種（請參照 P.108）	8
麥芽糖漿（euromalt 麥芽精、2 倍稀釋）	1
鹽	1.8
水	58

◎ 製 程

攪拌	L3分鐘 H3～4分鐘
揉和完成溫度	25℃
發酵時間（27℃）	14～16小時（麵團膨脹率3倍）
分割重量	600g
中間發酵	30分鐘
整型	以手整型，使用發酵藤藍
最後發酵（32℃、75%）	90～120分鐘
烘焙（210℃）	45分鐘（使用蒸氣）

◎ **配方的注意點**

　　麵粉若使用 Lys D'or時，請加入0.1%酵母活化劑ユーロベイクLS（Oriental Yeast工業株式会社製）。希望麵包呈現體積膨脹時，可以減少5%的裸麥粉，相對增加5%的麵粉，麵團會略硬一點。

◎ **製程的注意點**

　　確實進行攪拌（因為添加了裸麥粉，因此會縮短時間）。麵團塗上奶油放入較厚的塑膠袋中。像這樣使用塑膠袋，可以有效運用發酵室，能擺放許多麵團。壓平排氣時，請從塑膠袋上方輕輕進行。

　　輕輕滾圓，避免產生硬芯。因麵團發酵時間長，所以結合水變多。請將烘焙溫度調低，拉長烘焙時間。

Schiacciata（托斯卡尼風披薩）
（麵團冷藏法、使用星野天然麵包酵母種 ®）

◎ 配 方

麵條用麵粉（薰風）	70%
麵包用麵粉（Yumechikara ゆめちから、元氣）	20
麵包用全麥麵粉（Yumekaori ゆめかおり）	10
星野天然麵包酵母種®‧新鮮麵種	8
鹽	1.7
水	68
水（後加水法 bassinage）	7

※ 星野天然麵包酵母種®‧新鮮麵種的製作方法
星野天然麵包酵母種®100中，加入200%的30℃溫水混拌，在27℃下進行24小時發酵後，冷藏保存可以使用一週。24小時發酵後的麵種當然也可以使用，但經過24小時冷藏保存之後，風味會更加提升。

※ 冷藏保存的星野天然麵包酵母種®‧新鮮麵種的使用方法
雖是冷藏保存發酵種的共同使用方法，但酵母是在休眠狀態。要讓休眠中的酵母恢復成有活力的酵母，就跟乾酵母的活性化方法相同，加入少量的砂糖，用42℃溫水隔水加熱10分鐘左右。

◎ 製 程

攪拌	L2分鐘 H5分鐘↓（後加水法 bassinage）
	M2分鐘 H2分鐘
揉和完成溫度	28℃
發酵時間（27℃、75%）	1小時，之後置於冷藏室 15小時
發酵時間	60分鐘　P　60分鐘（麵團回復至17℃）
分割重量	100g（分割後，排列在烘焙墊上）
中間發酵	無
整型	無
最後發酵（27℃、75%）	40～60分鐘（搭配食材在最後發酵後擺放）
烘焙（280℃）	6分鐘（使用少量蒸氣，蒸氣太多會降低烤箱溫度）

◎ **配方的注意點**

　　麵條用麵粉，儘可能請使用「薰風」。但薰風100%的力道不足，所以會添加使用20%的「Yumechikara（ゆめちから）、元氣」。使用「Yumekaori（ゆめかおり）」全麥麵粉是為了要呈現出麵包風味上的濃郁醇厚感。麵團幾乎是柔軟到無法進行滾圓、整型的程度。

◎ **製程的注意點**

　　因為是非常柔軟的麵團，所以也不會沾黏在攪拌勾（hook）上，這時請使用 H H（最高速、4速）使麵團結合。因為麵團很柔軟而不易確認，但請在添加水份前使麵筋組織確實成形。水份添加後就不能再強力攪拌了，因為是在水份無法進入的麵團中加水，因此是緩慢滲入的感覺。

　　店內是準備3天份的份量，發酵1小時後分切成3等份，每日的份量各別放在舖有塑膠膜的烤盤上，避免乾燥地覆蓋塑膠膜後放入冷藏室。早上取出1片烤盤置於室溫中，1小時後進行壓平排氣，接著再進行1小時發酵後分割，排放在烤盤墊上進行最後發酵。最後發酵之後，刷塗橄欖油，有搭配食材時就擺放在表面，加料的就在此時添加，原味的就用手指輕輕撒上鹽，以高溫烘焙。請務必試試，非常美味。

黃金麵包
（70%加糖中種法、使用 Vecchio）

正如其名，「黃金麵包」（Pan：麵包，doro：黃金的）。

　　大量使用了奶油與蛋黃，因此也被稱作是王室、貴族的麵包，不愧是在特殊場合才吃得到。與潘妮朵尼聖誕麵包一樣，都是發酵糕點，十八世紀時誕生於義大利的維洛納（Verona），現在仍是大家熟知的聖誕糕點。

◎ 配 方

	中種	正式揉和
麵粉（SAVORY）	70%	30%
麵包酵母（新鮮、VF）	3	1
潘妮朵尼種（Vecchio）	5	—
酵母活化劑（ユーロベイク LS）	0.4	—
鹽	—	1
上白糖	3	27
奶油	15	25
蛋黃（與奶油混拌成乳霜狀）	—	10
蛋黃	—	10
全蛋（實際淨量）	10	—
牛奶	26	7

◎ 製 程

中種攪拌	L2分鐘 M2分鐘 H2分鐘
揉和完成溫度	26℃
發酵時間（27℃、75%）	2小時
正式揉和	L2分鐘 M3分鐘 H5分鐘
	↓ M2分鐘 H5分鐘
	↓ M2分鐘分 H5分鐘
揉和完成溫度	27℃
基本發酵	40分鐘
分割重量、立即整型	230g（黃金麵包模900ml）
	（模型比容積3.9）
最後發酵（32℃、75%）	60分鐘
烘焙（180／180℃）	25分鐘

※ 屬於 RICH 類（高糖油配方）的麵團，若在中間發酵後整型，會使麵包底部出現空洞。像潘妮朵尼聖誕麵包、黃金麵包這種極端高糖油配方的麵團，原則上不會進行中間發酵（布里歐也是一樣）。

※ 糖份較多的麵團烘焙時間也較長，必須注意下火的管理。

◎ 配方的注意點

　　奶油沿著麵筋組織在麵團中延展，這裡使用高達40%的奶油，因此相對地會使用高蛋白質的粉類來搭配。在麵包坊，通常使用這麼多奶油（油脂）的麵團，會搭配蛋白質含量高的粉類。但在不追求體積的糕點店中，並不會執著於蛋白質含量，因此會出現體積小但口感潤澤美味的黃金麵包，麵包坊與糕點店的考量是不同的。

　　潘妮朵尼種會增添口感與香氣，當然有中和配方中使用大量鹼性雞蛋的作用，也考量到砂糖配方用量較多，所以選用具耐糖性的麵包酵母。

◎ 製程的注意點

　　請考量70%加糖中種法的應用。藉由確實攪拌略硬的中種，使得內部成為均勻細緻狀態，以維持其保形性。正式揉和時，先使麵團產生連結至某個程度再添加第一次的奶油。

　　經過40分鐘的基本發酵之後進行分割，不需中間發酵，可以說是油脂配方較多麵團的共同做法，也就是直接整型，請多加注意。黃金麵包模型呈星形，這是為了使麵團可以均勻受熱，也能防止烘焙完成時的側面彎曲凹陷。完成烘焙後，請將融化的奶油刷塗在表面，並輕篩上糖粉。

葡萄乾發酵種的配方比例與製作方法

配方

	%
水（30℃）	100
葡萄乾	50
砂糖	25
麥芽糖漿（2倍稀釋）	2
完全熟成的葡萄乾發酵種（原種、有的話）	(1)

　　這個配方，是1999年4月號的「食品與科學」（食品與科學社刊）中，由當時還在日清製粉任職的神戶孝雄先生所發表的製作方法。因穩定性高、發酵力強，自此我也一直使用至今。

　　製程的注意點，

① 容器要使用琺瑯或塑膠材質，避免使用玻璃或鋁製。

② 在①中放入上述除葡萄乾之外的所有材料，請每天攪拌2次。忘記的話葡萄乾種表面會發霉。

③ 不要密封容器開口，在27℃的發酵室中使其發酵4～5天。葡萄乾全部浮至表面，從葡萄乾的表面開始出現無數的泡泡時，就表示葡萄乾發酵種已完成。

④ 完成後取出葡萄乾，將液體冷藏使用。夏天可以保存1個月，冬天約2個月左右。

※取出的葡萄乾如果覺得浪費，可以放入攪拌器中攪碎，當作葡萄乾種使用。葡萄乾酵母很多會附著在葡萄乾的周圍（雖說全都是發酵種，但是酵母菌喜好附著於固形物的周圍。另外，請注意，若使用攪碎的葡萄乾時，也會反應在麵包的呈色上）。

　　此外，完成的葡萄乾發酵種，若當作原種在上述配方中添加1%時，葡萄乾種可以使用1～2天。根據麵團配方添加5～10%此葡萄乾發酵種，可以製作麵包、糕點。酵母種溫度請調整為30℃。

　　葡萄乾請選用表層沒有油脂加工過的。之後將所有材料平均混拌後，放在27℃的發酵室內保存即可。令人擔心的是發霉，一旦忘記攪拌，浮上表面的葡萄乾就會產生霉菌。如此一來5天的辛苦就白費了。請務必注意。

　　由神戶孝雄先生的文獻中，擷取出的重點，

① 此葡萄乾種的酵母數，足以與市售酵母的0.3%溶液匹敵。

② 此葡萄乾種中的酵母數為6.8×10^7/g（市售麵包酵母的酵母數為10^{10}/g）。

③ 實際在麵團中的發酵力，判斷為一般市售麵包酵母的1/50。

　　再加上，使用此葡萄乾種進行長時間直接法的4個重點，列舉如下。

① 麵團的膨脹率管理在LEAN類（低糖油麵團）中是3倍，於RICH類（高糖油麵團）是4倍。

② 葡萄乾種會依麵團配方不同，使用5～30%。

③ 因為是長時間發酵，吸水會比一般少3%。

④ 燒減率容易變小，因此烤箱溫度要比平常低10℃，拉長烘焙時間。

3 突顯店家技術的德式麵包

在日本，還有大家仍不太熟悉的德國麵包（裸麥麵包），因此也建議大家可以在店內銷售。

至目前為止，都是麵包坊帶領著消費者，啟發充實著日常的飲食生活，增加餐桌上的變化。但最近倒不如說是消費者擁有了更充實的飲食文化，也掌握了更豐富的烘焙資訊。40年前，法國麵包是店內技術能力的呈現，刺激、誘發客人的知識欲與購買意願，而現今德國麵包對客人而言，仍是未知的食物，雖然想要食用卻不太知道如何搭配，正是下一個會躍上客人餐桌的麵包。也因為如此，陳列銷售德國麵包，更能展現出店家的技術能力、資訊掌握力，也能因而獲得顧客的信賴。

另一方面，站在製作的立場，製作德國麵包時必須要有裸麥酸種，雖然想要著手製作，但卻不知該從何下手，不知道大家是否也有同樣的問題呢？

現今已經是很適合製作德國麵包的環境了，沒有任何困難，必要的只有跨出第一步的勇氣而已。

Coffee Time ☕ **裸麥酸種，有管理上的擔憂？**

裸麥麵包製作使用的是裸麥酸種。相信令大家不安的，應該在於「裸麥麵包不是每天製作，要如何進行裸麥酸種的管理呢？」。這個時候只要將其餘的裸麥酸種放入密閉容器，避免乾燥地放入冷藏管理，保存一週都不成問題。需要長時間保存時，相對於100的裸麥酸種，添加200的全裸麥粉（日清 アーレミッテル）以攪拌器拌成鬆散狀，避免乾燥地放入塑膠袋內冷凍保存，3～4個月都沒有問題。恢復使用時，30鬆散狀酸種搭配80裸麥粉（日清 メールダンケル），再加入80的水份，在27℃的環境下發酵20小時。20小時之後若仍發酵不足，請再製作一次 Detmold 第一階段法。

裸麥混合麵包 Weizenmischbrot
（使用 Detmold第一階段法酸種）

　　裸麥比例30%的麵包，是德國麵包中的輕盈款。德國人也從過去喜歡的紮實厚重麵包，漸漸轉爲愛好輕盈的麵包。麵團中添加了蘇丹娜葡萄乾（Sultana）或黑醋栗（currants）製作，也是店內的熱銷商品之一。

◎ **配方的注意點**

　　製作酸種最初的初種，指的是在前一天先預備好的酸種經過16～20小時，成爲完全成熟狀態的麵團。在此使用的是裸麥粉或全裸麥粉都沒關係，製作酸種時，裸麥粉的吸水是80%（裸麥粉100時）、全裸麥粉的吸水增加到100%。全麥麵粉在製作時雖然會感覺柔軟，但放置16小時後，就會變成軟硬恰到好處的酸種。

（接續→ P. 112）

柏林鄉村麵包 Berliner Landbrot
（使用 Detmold第一階段法酸種）

最能代表德國的麵包。若只能介紹一款德國麵包，那必定就是這款。實際上這也是店內最熱賣的德國麵包。表面白色與茶色的美麗木紋線條，是出爐時就能看到的紋路。

裸麥混合麵包 Weizenmischbrot（使用 Detmold 第一階段法酸種）

◎ 配 方

<使用 Detmold 第一階段法酸種>

裸麥粉（日清 メールダンケル）	20%
初種※	2
水	16

<麵團>

法國麵包專用麵粉（Lys D'or）	70%
裸麥粉（日清 メールダンケル）	10
麵包酵母（新鮮）	2
鹽	2
水	47

※ 初種2%，可以用 Active sourdough R（Oriental Yeast 工業株式会社製）0.2%、麵包酵母（新鮮）0.1% 來替代。

◎ 製 程

<使用 Detmold 第一階段法酸種>

攪拌	L3分鐘
揉和完成溫度	26℃
發酵時間（27℃、75%）	16～20小時

<麵團>

攪拌	L5分鐘
揉和完成溫度	26℃
發酵時間	15分鐘
分割重量	1150g
中間發酵	0分鐘
整型	圓型、枕型
最後發酵（32℃、75%）	60分鐘
烘焙（230→215℃）	60分鐘

◎ 配方的注意點 （接續 P.110）

　預備麵團使用的麵粉，若是高筋麵粉因蛋白質含量過多，無法膨脹體積，麵包的口感會變得乾柴，請使用麵條用粉或法國麵包專用粉。雖然是無糖麵團，但麵包酵母使用平常吐司用的麵包酵母（新鮮）也不會有問題。使用即溶乾燥酵母時，請選用無添加維生素 C 的藍標（BLUE）。但德國麵包在製作麵團後，幾乎沒有發酵時間，即溶乾燥酵母初始的發酵力較弱，因此建議使用麵包酵母（新鮮）。麵團越是柔軟，越能烘焙出美味的裸麥麵包。

◎ **製程的注意點**

　酸種（Sourdough）的攪拌時間短，因此先以配方用水攪散初種。攪拌過程中，要將沾黏散落在缽盆內側的麵團刮下。

　製作裸麥麵包時，無論是酸種（Sourdough）或麵團製作，都僅使用低速，不會用中速或高速。使用裸麥粉的麵團，一旦使用強力攪拌（中速以上）會使麵團失去彈性（我想是裸麥粉的酵素力太強）。另外，只要是裸麥，無論是什麼麵包，只要基本發酵或中間發酵時間變長，麵包的體積就會變大，而損及裸麥麵包的風味。

　最後發酵期間，無論什麼麵包都是以60分鐘為基準。最後發酵充分完成，極力避免烤箱內的延展。裸麥麵包內沒有麵筋組織，所以一旦產生烤箱延展時，這個延展就會損及麵包了。裸麥麵包的專門工廠，使用的是稱為 Vorbacköfen（前窯）380℃左右的專用烤箱，烘焙1～2分鐘，使表層外皮確實形成後，以200℃溫度略低的烤箱確實烘烤60分鐘至完成。

　另一件重要的事，是當麵團放入烤箱時，會急遽形成表層外皮，所以麵團必定會排出氣體，因此要先做出水蒸氣逸出的管道。具體地以竹籤或竹筷刺出孔洞，形成排出口，或是用刀子劃入切紋。這個時候並非像法國麵包般的劃切割紋，而是用波浪刀垂直切入麵團中。蒸氣的使用方法，以柏林鄉村麵包（Berliner Landbrot）（P.113）為基準。

柏林鄉村麵包 Berliner Landbrot（使用 Detmold 第一階段法酸種）

◎ **配 方**

<使用 Detmold 第一階段法酸種>

裸麥粉（日清 メールダンケル）	25%
初種[※]	2.5
水	20

<麵團>

法國麵包專用麵粉（Lys D'or）	35%
裸麥粉（日清 メールダンケル）	40
麵包酵母（新鮮）	1.7
鹽	1.7
水	50

※初種2.5%，可以用 Active sourdough R 0.25%、
麵包酵母（新鮮）0.13%來替代。

◎ **製 程**

<使用 Detmold 第一階段法酸種>

攪拌	L3分鐘
揉和完成溫度	26℃
發酵時間（27℃、75%）	16～20小時

<麵團>

攪拌	L3分鐘
揉和完成溫度	28℃
發酵時間	10分鐘
分割重量	1150g
中間發酵	0分鐘
整型	圓型、海參狀
最後發酵（32℃、75%）	60分鐘
烘焙（240→220℃）	60分鐘

◎ **配方的注意點**

　　Detmold第一階段法酸種的說明，與裸麥混合麵包（Weizenmischbrot）相同，但沒有初種時，就如上述的 ※ 來製作。麵團中若使用的麵粉蛋白質含量高，就會很難完成柏林鄉村麵包特有的美麗木紋線條，請選用蛋白質含量相當於法國麵包專用粉的粉類。

　　裸麥麵包，基本上無論是裸麥粉或全麥麵粉都可以，製作柏林鄉村麵包時，請使用裸麥粉。麵包酵母1.7%、鹽也是少量的1.7%，因為酸種（sourdough）更多時，發酵力變強，鹹味也會更重。

◎ **製程的注意點**

　　關於 Detmold第一階段法酸種，正如前頁所提，麵團的攪拌也同樣是低速3分鐘，短暫的攪拌，因此酸種（sourdough）、麵包酵母（新鮮）也連同配方用水一起攪散備用。在德國當地雖然不是這麼做，但我個人會事先將鹽溶入部分配方用水後，再行添加。

　　基本發酵，與其說發酵，不如想成是解除麵團

因攪拌造成沾黏的時間。在德國，分割重量是以燒減率13%來設定。

　　分割、滾圓後就直接整型，避免過度緊實麵團，但也要注意形狀不致紊亂（整型過強時，表層外皮的木紋會變粗，隨便紊亂的整滾，也會造成柔軟內側的粗糙）。

　　最後發酵時間，是以60分鐘為基本。夏季時間縮短、冬季時間稍長，即使調整麵包酵母份量，也一定要遵守60分鐘的原則，才能保持住以酸味為主的重要風味。

　　烘焙方法也請多加注意。烘焙時為避免烤裂，用較強的上下火、適度的蒸氣就是重點。強力的下火、上火，不只是設定溫度，也請留意麵團的數量。麵團數量過多下火變弱，也是造成側面裂開的原因。

　　蒸氣在放入烤箱12分鐘後加入，使麵團表面α化（糊化），1分鐘後打開閥門和烤箱門2分鐘，使多餘的蒸氣散出，糊化的麵團表面急遽定形（乾燥）的同時，以排掉蒸氣的烤箱烘烤，就能烘烤出13%的燒減率。

　　放入烤箱時的烘焙溫度儘可能提高，才能烘烤

出光澤深濃的色澤。之後降低烘焙溫度，1kg麵包約烘烤60分鐘，以13%的燒減率為目標。完成烘焙的確認，不能只依賴時間、烘焙色澤，務必要用手指敲叩麵包底部，乾燥的聲音才是判斷的標準。

只有這款麵包，與其他德國麵包不同，麵團表面不需要孔洞或切紋。表面的龜裂木紋線條，是水蒸氣和氣體排出所造成的效果。

最初製作德國麵包時，會有許多困惑。有疑慮時的參考標準：①縮短攪拌、②考慮提高麵團溫度、③拉長基本發酵時間，雖然體積膨脹但口感卻會乾柴、④中間發酵也是一樣。時間越長，體積越是膨脹變大，內側也會越粗糙不討人喜歡。

⑤請不要在整型時造成麵團的緊縮。可能初次整型時，老手會因過度緊實而失敗，反而是新手可以漂亮地完成烘焙。這是因為越是有經驗的人，越會像法國麵包般整型（緊實麵團），烘焙完成的麵包也會產生大的裂紋。

蒸氣，有分成乾、半濕半乾、濕3種。法國麵包的蒸氣是半濕半乾最適合，但德國麵包使用的就是濕的蒸氣。

Coffee Time ☕　**3種裸麥酸種（sourdough）的食用比較**

在某個裸麥麵包研習會上，曾經烘焙過3種柏林鄉村麵包（Berliner Landbrot）。正式揉和配方完全一樣，只是添加了3種不同的裸麥酸種（sourdough）來完成烘焙。① Detmold 第一階段法、② Monheimer 加鹽法、③柏林短時間法。當然，完成烘焙時，外觀上完全看不出有任何不同。試著食用前一天完成的這3種麵包，也聞了其中的香氣。在此將各別的特徵，歸類整理如下。

① **Detmold 第一階段法**：乳酸和醋酸比為 75：25。步驟 1 天一次就能完成，但酸味感覺略強。用於酸種的初種份量為 10%。

② **Monheimer 加鹽法**：乳酸和醋酸比為 80：20。步驟簡單酸種也穩定，3天內就能使用。酸味柔和易於食用，但用於酸種的初種必要份量為 30%。

③ **柏林短時間法**：乳酸和醋酸比為 85：15。酸種製作 3 小時內即可熟成使用。酸味柔和，或許對喜歡裸麥麵包的人而言，可能會覺得酸味略嫌不足。

各種酸種的特徵

種　類	特　徵	酸種中的乳酸、醋酸比例	風　味
Detmold 第一階段法	1 天一次就能完成	乳酸 75：醋酸 25	酸味強
Monheimer 加鹽法	步驟簡單酸種穩定	乳酸 80：醋酸 20	柔和
柏林短時間法	酸種的空間不需太大	乳酸 85：醋酸 15	酸味弱

黑裸麥麵包 Pumpernickel
（使用 Detmold第一階段法酸種）

（左：16小時烘焙、右：4小時烘焙）

　　像這款黑裸麥麵包一樣，全麥麵粉較多的配方，為了使氣體的保持力變好，會想要在配方中添加更細緻的全麥麵粉或少量的粉類，但其實完全是反效果。像這樣的配方，添加少量的粉類時，反而會使粉類集中至表層外皮部分，導致成為與柔軟內側完全不同，硬且細密的表層外皮，口感也因而變差。這款麵包因為大顆粒的全麥麵粉均勻平整，因此能烘焙出均勻的內側及口感。

　　黑裸麥麵包，本來是放入烤箱中烘烤16小時以上製成，但在此介紹的是4小時簡便法。顏色如照片般，時間短顏色感覺略淺，但已能享受到黑裸麥麵包的風味了。

黑裸麥麵包 Pumpernickel（使用 Detmold第一階段法酸種）

◎ 配 方

＜使用 Detmold 第一階段法酸種＞

全裸麥粉（日清 アーレミッテル）	30%
初種※	3
水	30

＜前置處理＞

全裸麥粉（日清 アーレミッテル）	25%
裸麥片（ライ押し麦）	25
全麥麵粉（グラハム粉）	20
焦糖糖漿	1
鹽	1
水	40

＜正式揉和＞

麵包酵母（新鮮）	1%
水	1〜3

※初種3%，可以用 active sourdough R 0.3%、麵包酵母（新鮮）0.15% 來替代。

◎ 製 程

酸種（sourdough）攪拌	L 6分鐘
揉和完成溫度	27℃
發酵時間（27℃、75%）	18~24小時
前置處理攪拌	L 10分鐘
揉和完成溫度	30℃
靜置時間	60分鐘（注意避免麵團溫度降低）
正式揉和攪拌	L 4分鐘
揉和完成溫度	30℃
基本發酵	無
分割重量	1550g（比容積1.5） 1350g（比容積1.7、無蓋時）
中間發酵	無
整型	筒狀
最後發酵（32℃、75%）	45〜50分鐘
烘焙（220℃）	4小時（加入大量蒸氣）

此時取出，已充分受熱完畢了。

之後關掉烤箱電源，利用烤箱內餘溫燜烘12小時完成

◎ 配方的注意點

　　前置處理作業，是為了確保粗粒的全麥麵粉、裸麥片的吸水時間。焦糖糖漿本來是烘焙16小時以上，會產生的澱粉糖化，而呈現出近似焦糖化的顏色。鹽使用少量的1%，是因為麵包的酸味較強，會更容易感覺鹹味，因而減少用量。

　　麵團請盡可能製成柔軟狀態。德國麵包的麵團，是勉強可抓取的柔軟程度。若再硬一點，則表層外皮會出現裂紋，口感也會變得乾燥。

◎ 製程的注意點

　　酸種（sourdough）的攪拌為低速6分鐘，就酸種而言已經算是長時間了，當使用全麥麵粉時，也因酸種（sourdough）的柔軟，所以會攪拌較長時間（16小時後全麥麵粉吸水，會變成恰到好處的酸種）。

　　前置處理的攪拌也是用低速攪拌較長的10分鐘，這是因為使用的穀類，像是全裸麥粉、裸麥片、全麥麵粉，都是不易黏結的粉類，為了使其產生黏性之故。前置處理的揉和完成溫度是30℃，正式揉和完成的溫度也是30℃。正式揉和幾乎不添加水份，因此保持前置處理的溫度十分重要。

　　正式揉和時，酸種（sourdough）和前置處理麵團、麵包酵母均勻的混合，就是重點。揉和完成後，並不進行基本發酵和中間發酵，也就是分割後立即整型，放入模型。麵團非常柔軟，勉強可以拿取的柔軟程度。

　　黑裸麥麵包的模型，使用的是特殊的方型模（請參考右邊頁面的照片）。將裝有麵團的方型模擺放在能放入熱水，且有蓋子的模型中，在大型烤模中放入熱水烘烤（蒸烤）。熱水用量

也會因模型密閉程度而有所不同，但完成烘焙前15～30分鐘，完全蒸發的熱水量最理想。

本來所有的模型，都是在各別覆蓋烘烤的狀態下，烘烤16～20小時。藉此增加麵團中的糊精，使其產生獨特的風味、香甜、口感。長時間完成烘焙時，雖然不使用焦糖糖漿，但以黑裸麥麵包的顏色來看，應該要添加會較具潤澤的口感。在德國，只有烘焙16小時以上的，才能稱做黑裸麥麵包。

黑裸麥麵包模型
下面裝著熱水的大型模型內，擺放4條裝入黑裸麥麵團的附蓋模型。蓋上大型模型蓋，放入烤箱中烘烤4小時。之後，利用烤箱餘溫再烘烤12～16小時。此時水份恰到好處地揮發，是最理想的狀態。

芝麻麵包 Sesambrot
（使用 Detmold第一階段法酸種）

在裸麥麵包 Roggenmischbrot（裸麥未及50～90%配方的麵包）的配方中，加入核桃和蘇丹娜葡萄乾（Sultana）揉和，整型時在外側裹滿白芝麻，是非常容易入口的裸麥麵包。即使是第一次吃裸麥麵包的人，也可以毫不抗拒地享用。不僅用於餐食，也可以搭配紅酒。

扭結麵包 Laugenbrezel（施瓦本風格 Schwäbische）
（短時間直接法）

　　用氫氧化鈉（caustic soda）（燒鹼）2～4%的溶液使麵團表面鹼化，因而產生獨特口感和香氣，是德國麵包才有的特色。德國雖然從中世紀以來一直都有食用，但這樣的口感及風味最近受到歡迎，不僅限於扭結麵包，連可頌、凱撒麵包等各式各樣，經過鹼化處理的麵包，都可以看到專賣店販售。

　　在日本雖然還沒有食用的習慣，但確實風味令人印象深刻。鹼化處理除了使用氫氧化鈉之外，也有其他的方法。

芝麻麵包 Sesambrot（使用 Detmold第一階段法酸種）

◎ 配 方

<使用 Detmold 第一階段法酸種>

全裸麥粉（日清 アーレファイン）	25%
初種	2.5
水	25

<正式揉和>

裸麥粉（日清 メールダンケル）	15%
裸麥片（ライ押し麦）完成前置處理 [※1]	50
法國麵包專用麵粉（Lys D'or）	35
麵包粉（Paniermehl）[※2]	8.8
麵包酵母（新鮮）	2
鹽	2
核桃（完成烘焙的）	20
蘇丹娜葡萄乾（Sultana）[※3]	20
水	37

※ 初種 2.5%，可以用 active sourdough R 0.25%、麵包酵母（新鮮）0.35% 來替代。

◎ 製 程

酸種（sourdough）攪拌	L 6分鐘
揉和完成溫度	27℃
發酵時間	18～24小時
正式揉和攪拌	L7分鐘↓（蘇丹娜葡萄乾、核桃）
	L2分鐘
揉和完成溫度	28℃
基本發酵	5～10分鐘
分割重量	900g（比容積1.9）
中間發酵	無
整型	芝麻、或在表面撒裸麥片
最後發酵（32℃、75%）	45～50分鐘
烘焙（240→220℃）	50～60分鐘
	（加入大量蒸氣）

◎ 配方的注意點

裸麥佔65%，典型的裸麥麵包（Roggenmischbrot）。在酸種（sourdough）中使用全裸麥粉，做出柔和酸味。使用裸麥粒時，就必須要有類似煮飯般的製程，但使用裸麥片，只需添加85℃的熱水，就能製作出具有口感的裸麥麵包了。

配方中的前置處理如下。

※1 裸麥片（ライ押し麦）的前置處理： 因顆粒較大，因此前置處理是以「裸麥片 25：熱水 25」的比例加水後放置備用，開始製作時使用的是待溫度回到常溫，並靜置（約4小時）後的材料。

※2 麵包粉的前置處理： 沒有售出的剩餘裸麥麵包（稱為 Restbrot）切片後，放入切斷電源的烤箱中，以餘溫使其乾燥，再碾磨成粉碎狀，就稱為麵包粉（Paniermehl）。將麵包粉加入麵團中，可以讓麵包變得格外美味。效果包括：①增加水份、②增加麵包的潤澤、③使香氣更好、④消減表層外皮的緊縮。但必須注意，過度潤澤時，會變成不適合切片的裸麥麵包，而且品質會越來越差。依裸麥麵包的不同，麵包粉的添加量也會有所變化，請多加注意。製作前以「麵包粉100：熱水120」進行前置處理（混合拌勻），避免與麵團產生吸水差異。

※3 蘇丹娜葡萄乾（Sultana）： 前一天用50℃的熱水浸漬10分鐘後，瀝乾水份備用。雖然在德國當地並不會這麼做，但因蘇丹娜葡萄乾水份較少，若無前置處理地直接使用，也是造成麵包老化原因。

這款麵包也是麵團越柔軟越美味。

◎ 製程的注意點

因為使用較多的全裸麥粉，所以攪拌時間較長。最後發酵時，請發酵至模型上方5mm的程度。裸麥麵團製成的哈斯麵包（hearth bread）（直接烘烤麵包），是送進烤箱後立即放入大量蒸氣，一定的時間後，排掉烤箱中的蒸氣。但以模型烘烤時，蒸氣會一直存在到烘烤的最後。

扭結麵包 Laugenbrezel（施瓦本風格 Schwäbische）（短時間直接法）

◎ 配方

法國麵包專用麵粉（Lys D'or）	95%
馬鈴薯澱粉	5
麵包酵母（新鮮）	3
麥芽糖漿（euromalt 麥芽精、2 倍稀釋）	2
鹽	1
奶油	5
豬脂	5
葛縷籽粉（Caraway seed）	1
粒狀高湯粉	1
水	45

◎ 製程

攪拌	L 6分鐘M 7～8分鐘
揉和完成溫度	22℃
發酵時間（冷藏室5℃）	30～60分鐘
分割重量	35g、70 g
中間發酵	10分鐘
整型	德國結形狀（施瓦本風格 Schwäbische）
鹼化處理	浸泡在4%氫氧化鈉溶液（食用性燒鹼溶液）
最後發酵	無
	放入烤箱前，較寬的部分撒上粗鹽，間隔放入。
烘焙（220℃）	18～20分鐘

◎ 配方的注意點

　　馬鈴薯澱粉是為了使麵包有酥脆感而添加。配方中奶油和油脂較多，也是為了做出獨特的口感。因為是葛縷籽粉較多的配方，請依個人喜好酌量調整。在當地不會使用粒狀高湯粉，但我個人會使用在麵包或義大利麵包棒（Grissini）等，發酵時間較短的麵包上。

　　對於使用氫氧化鈉心存抗拒的人，也可以使用拉麵用的鹼水或是小蘇打等，也能得到相當的效果，但還是明顯的和原本的氫氧化鈉有所不同。

　　使用氫氧化鈉是安全的，在日本厚生勞働省的使用基準中有規定「在最終食品完成前中和或除去之」。在扭結麵包中，使用的濃度是2～4%，之後以220℃、20分鐘左右的烘焙除去。

◎ 製程的注意點

　　攪拌是全部一起攪打至成為滑順的麵團。揉和完成的溫度是22℃，之後靜置於冰箱30～60分鐘。與其說是發酵，不如說想成是鬆弛麵團的時間。分割、短暫的中間發酵後整型。

　　所謂的施瓦本風格 Schwäbische，指的是整型成中央圓、四邊細，氫氧化鈉處理後分切的麵團（也有指撒過粗鹽的）。其他還有稱為巴伐利亞風格 Bayerische的扭結麵包，油脂配方少，整型時同樣也是中央圓、四邊細的扭結狀。整型後浸泡食用性氫氧化鈉溶液，氫氧化鈉會損傷烤箱及烤盤，所以請使用專用的烤盤或利用烤盤紙。

史多倫（Stollen）（短時間液種法）

　　史多倫是德國代表性的聖誕發酵點心。如同日本的聖誕節蛋糕一樣，不是在聖誕節當天食用，而是從所謂的待降節，就是聖誕節之前四週的星期天，習慣會在家族齊聚時一起享用。是一款可以久放的麵包，價格也是一般麵包店裡少見的高價。史多倫的價格值得持續四週享用，請讓這個習慣也在日本成為常態吧。

　　雖然是每週日全家人各吃1片，但請從中央開始分切。4人家庭的話就切4片，將剩下的史多倫兩端貼合包裹起來，放入塑膠袋中保存到隔週。這樣切開面就不會變乾燥，每次吃到的都是口感潤澤，美味的史多倫。

◎ 配 方

	液種	正式揉和
麵包用麵粉（Camellia）	30%	20%
麵條用麵粉（薰風）	―	50
麵包酵母（新鮮）	6	―
鹽	―	2
上白糖	―	10
奶油（無鹽）	―	30
牛奶	30	6
醃漬水果	―	120
滲入用奶油（無鹽）	―	40

◎ 製 程

液種混拌	L1分鐘 M3分鐘
	（材料均勻混合）
揉和完成溫度	30℃
發酵時間（27℃、75%）	30分鐘
正式揉和	↓L6分鐘（醃漬水果）
	L2分鐘↓L1分鐘
揉和完成溫度	22℃
發酵時間	15分鐘
分割重量（麵團）	大600g、中450g、小170g
（杏仁膏填餡）	大50g、中40g、小15g
靜置時間	0分鐘
整型	用擀麵棍擀壓成長方形、
	中心包入杏仁膏
最後發酵時間（32℃、75%）	45～50分（等麵團變鬆弛）
烘烤（190→185℃）	大60分鐘、中45分鐘、
	小55分鐘
	（因模型的種類不同、
	烘焙時間、溫度也會改變）

◎ 配方的注意點

　　因麵包酵母（新鮮）的使用量較多，為了能覆蓋麵包酵母的氣味，將配方用水全部替換成牛奶。麵粉使用100%法國麵包專用麵粉就可以，但若想讓麵包更呈現濕潤感時，可以使用日本國產小麥的麵條用麵粉。

　　史多倫的美味，再怎麼說都是醃漬水果的用量，與前置處理的方法（洋酒的組合），還有烘烤完成，趁麵包溫熱時，大量滲入奶油。這個配方中的奶油40%是要滲入剛出爐的史多倫中，史多倫和奶油若沒有熱到極限就無法融入，請多注意避免燙傷。

◎ 製程的注意點

　　希望大家注意的是正式揉和的溫度。冬天為了想要在22℃完成揉和，除了醃漬的水果之外，所有的正式揉和材料，都請在前一天冷藏備用（當然包括奶油）。

　　奶油（正式揉和用），要以什麼大小的塊狀來進行，也非常重要。這個製程中是以低速6分鐘，攪打至奶油完全融入麵團時，就是添加醃漬水果的時間點（反推回來，就是請將奶油切成可以在低速6分鐘內融入麵團的大小）。醃漬水果加入揉和2分鐘後，刮落缽盆周圍的材料，再以低速攪拌1分鐘。

　　烘烤方法很多，有的什麼模型都不使用，也有的只使用外框模型。我是使用有蓋子的專用模，與使用烤盤的簡易模。專用模通常都能烘焙出很好的成品，簡易模則是要注意避免下火過強，因此烤盤下方會墊放另一片倒扣的烤盤。

烘烤完成後，立即脫模，趁熱浸入熱奶油中，約重覆進行3次，就能將配方中40%奶油滲入史多倫裡。

這一連串的作業，就是決定史多倫美味的重點。浸入這麼多的奶油至麵包內，就是為了防止水份的揮發流失，並得到良好的保存性。讓40%的奶油全部滲入，趁麵包還有餘溫時，以細砂糖覆蓋全體，就能抑制奶油的氧化。這種方法，應該是從過去麵包師的經驗傳承而來，真令人甘拜下風。

這時使用的滲入用奶油，每家店都會各自花心思變化。有的只用無鹽奶油、有的只用含鹽奶油、有的是無鹽和含鹽各半，甚至還有用焦化奶油的，或是先將奶油融化再凝固，利用奶油中的水份與油脂分離，僅使用澄清奶油的。請大家務必花點功夫，完成屬於自己的史多倫。

＜醃漬水果配方＞
（P.123 的 120% 材料）

蘇丹娜葡萄乾	60
柳橙皮	10
檸檬皮	10
核桃（烘烤過）	15
杏仁（烘烤過）	15
蘭姆酒	4
米製蒸餾酒（25℃）	4
櫻桃白蘭地	2

列出醃漬水果的配方作為範例，但每家店都會有所不同。特別堅持的店家，會用不同的洋酒浸漬不同的水果乾。我並沒有那麼花功夫，醃漬二個月以上的只有蘇丹娜葡萄乾。其他的檸檬皮，柳橙皮，堅果類（烘烤過），是在作業的前一天與醃漬的蘇丹娜葡萄乾混合。

這裡也有我自己的堅持。檸檬皮跟柳橙皮與蘇丹娜葡萄乾一起醃漬，會無法存留檸檬或柳橙的風味。另外，堅果類若在麵團預備時添加，會因水份較少而吸取麵團的水份，當麵包的水份減少，會加速老化。洋酒的使用也是因人而異，請務必確立自己的獨門秘方。

＜自製杏仁膏＞

	%
杏仁粉（烘烤過）	100
上白糖	65
牛奶	32
蘭姆酒（Myers's Rum）	4

雖然只是將所有材料混合，但請注意杏仁粉的烘烤。常有人會用烤箱餘溫來烘烤，但堅果類的烘烤溫度與時間，有其重要意義。店內是用厚厚的大紙片鋪在530mm×380mm（6取）的烤盤上，用150℃烘烤10分鐘，在周邊有些焦的時候，將周邊與中央部位的粉類均勻地混合，這樣的作業重覆進行三次。以前，是以180℃烘烤5分鐘，進行三次，但有一次，常年活躍於點心麵包製作的專家，津久井文子小姐來到店裡時，教了我一些堅果類的烘烤溫度與時間的注意點，我立即嘗試製作後，杏仁粉的味道、甜度都令人驚異的美味。之後，其他的堅果類，我也同樣以150℃，10分鐘，進行三次。

堅果的種類因人而異，認為適合的溫度也不一樣，若有對此深入研究的人，也請不吝賜教，我會馬上嘗試製作。

Coffee Time ☕ **對烘烤完成的麵包，施予衝擊！**

特地請攝影師過來拍攝，烘烤完成後衝擊動作有（左）、無（右）的照片，但好像不是很容易區隔。本來，未施予衝擊的右邊，應該是內側較粗糙，氣泡較大且少，層次薄膜較厚。但仔細觀察，就會看出外側部分的氣泡比較粗。請大家務必自己體驗看看，就能體會衝擊的驚人效果了。

Coffee Time ☕ **布里歐的整型－簡便法**

僧侶布里歐 Brioche à tête 的整型非常困難。常會出現終於鼓起勇氣作，但卻半途而廢的情況。因此，在此介紹簡便的整型法。

雖然有點麻煩，但在分割麵團45g時，請分切為37g與8g。中間發酵後，在37g麵團正中間作出孔洞，8g做成蔴菇狀，用較細的一端穿過孔洞，記得避免麵團尖端外露，再放入僧侶布里歐的模型中。如此就能做出100%形狀漂亮的僧侶布里歐了。

關於本書使用的原料

因爲之前工作的關係，會比較注重製粉公司，因此直接將店內使用的材料種類記錄在書裡。我在意的是，因爲狹小的廚房需要盡力控制麵粉數量。麵粉除了萬用的日清 Camellia（山茶花高筋麵粉）之外，還有2種高蛋白粉類，全麥麵粉除了日清グラハム粉外，還有其他自製的細粒粉。日本國產麵粉則以「Yumechikara（ゆめちから）、元氣」爲主體，再以「薰風」來改變配方比例，以調整蛋白質含量。

其他，還有法國麵包專用麵粉，與各種裸麥粉。不僅是麵粉，其他原料也要盡量整理條列，對於倉庫空間、訂單的承接、庫存耗損等，都有很大的幫助。

麵粉・裸麥粉一覽表

用　途	品牌（零售公司）	蛋白質含量	灰分量	特　徵
麵包用麵粉	Supper King（日清製粉）	13.8	0.42	蛋白質量高、烤箱延展佳
	Savory（日清製粉）	12.7	0.43	風味佳、麵團整合性佳、滑順
	Camellia（日清製粉）	11.8	0.37	平衡性佳，用途廣泛
	グラハム粉（日清製粉）	13.5	1.5	研磨、全麥麵粉，顆粒最粗
	Yumechikara（ゆめちから）、元氣（木田製粉）	13.5	0.48	北海道產小麥、麵筋強韌、吸水性強
麵包用小麥	Yumekaori（ゆめかおり）（ソメノグリーンファーム）	13.3	1.43	茨城縣產麵包用小麥、製作麵包適性高
法國麵包專用麵粉	Lys D'or（日清製粉）	10.7	0.45	味道、香氣佳，最適合法國麵包製作
	Lys D'or オーブ（日清製粉）	10.9	0.44	麵團延展佳、適合短時間製作法
麵條用麵粉	薰風（日清製粉）	10.0	0.35	100%日本國產小麥，很有Q彈感
裸麥粉	日清メールダンケル（日清製粉）	7.3	0.9	適合製作正統裸麥麵包
	アーレミッテル（日清製粉）	8.4	1.5	裸麥全穀粉（中顆粒）
	アーレファイン（日清製粉）	8.4	1.5	裸麥全穀粉（細顆粒）
加工裸麥粒	裸麥片（はくばく）	—	—	使用德國的裸麥

粉類以外的原始材料

麵包酵母	Ｖ Ｆ	Oriental Yeast 工業株式会社
	即速溶乾酵母（紅）	日法商事
潘妮朵尼種	Vecchio	Oriental Yeast 工業株式会社
麵種	星野天然麵包酵母種	星野天然麵包酵母種
乳酸菌製劑	active sourdough R	Oriental Yeast 工業株式会社
酵母活化劑	ユーロベイク LS	Oriental Yeast 工業株式会社
	C original food	Oriental Yeas 工業株式会社
	euromalt 麥芽精	日法商事
膨脹劑	Delton	Oriental Yeast 工業株式会社
胚芽	ハイギー A	日清製粉

小測驗的解答　　　○ 06　○ 05　P37　○ 04　× 03　P23　○ 02　× 01　P7

後記

　　這次，就是想寫一本從麵包業界的新人到中堅分子，都能適用的書，這個念頭讓我進行至此。真心覺得各位非常幸福，現在齊備了許多很棒的原料、製作法，都是我們那個世代所沒有的。

　　但當時，我們一路走來真的是拼命追求學習前輩的技術、知識。儘管如此，具備長期經驗及硬底子知識前輩們的技術，至今仍忘塵莫及，讓我深深體悟到麵包之道的深奧，然而，現在情況完全不一樣了。前輩們也沒什麼經驗過的－發酵種（乳酸種）或酵素製劑等，鮮少瞭解（過去沒有）的素材，製作方法也不斷推陳出新。這些新素材、新製作法所具備的可能性，完全顛覆了過去的麵包製作法。更簡單，使烘焙坊更容易進行，而且還能製作出前所未有的美味。對於這樣的態勢，很多前輩跟同事們都一樣，站在相同的起跑線上。

　　新時代所要求的，並不只是製作麵包的技術。麵包坊的存在方式（型態）、銷售方法都因為網路的普及而有所改變。然而在這個範疇，不如說各位都比前輩們更具優勢，大家請加油！

　　容我再說一句。

　　現在的時間點，日本每年有200多間、德國每年有700多間的麵包店歇業關門。儘管如此，麵包市場還是微量增加。全世界的麵包市場有持續集中於大型麵包廠的趨勢，不過請放心，零售麵包坊絕對不會消失。作為街頭飲食文化的情報基地，更是生活中的小確幸，這樣的存在價值會越來越高，請務必瞭解這一點，並提供出具個性化的麵包。麵包製作需要全神貫注，但是請不要讓麵包用掉自己所有的時間，對家人、朋友、社區的付出，對社會的貢獻，這種與麵包完全不同的世界，也請務必存留在自己心中。

　　最後，對於本書製作時全力協助我的太太絹代、兒子健吾夫婦，TSUMUGI的各位工作同仁，以及書籍製作的各位，承蒙大家的照顧。藉由這個版面對大家致上最深的感謝。

竹谷　光司

EASY COOK

專業麵包師必讀－新時代的麵包製作法

作者　竹谷光司 Koji Takeya

翻譯　胡家齊

出版者 / 大境文化事業有限公司　T.K. Publishing Co.

發行人　趙天德

總編輯　車東蔚

文案編輯　編輯部

美術編輯　R.C. Work Shop

台北市雨聲街77號1樓

TEL：（02）2838-7996　　FAX：（02）2836-0028

法律顧問　劉陽明律師　名陽法律事務所

初版日期　2021年7月

定價　新台幣400元

ISBN-13：9789860636918

書　號　E122

讀者專線　（02）2836-0069

www.ecook.com.tw

E-mail　service@ecook.com.tw

劃撥帳號　19260956 大境文化事業有限公司

KOREKARANO SEI PAN HO

© KOJI TAKEYA 2021

Originally published in Japan in 2021 by ASAHIYA PUBLISHING CO., LTD.

Chinese translation rights arranged through TOHAN CORPORATION, TOKYO.

專業麵包師必讀－新時代的麵包製作法

竹谷光司 Koji Takeya　著

初版. 臺北市：大境文化，2021　128面；19×26公分. ----

（EASY COOK系列；122）

ISBN-13：9789860636918

1. 麵包　　2.點心食譜

439.21　　　110009026

<日方工作人員>

製　作　有限会社たまご社
編　輯　松成　容子
攝　影　後藤　弘行（旭屋出版）
設　計　吉野　晶子（Fast design office）
插　圖　內山　美保